U0176532

衣品修炼手册：穿出理想的自己

赵依霖◎著

中信出版集团 | 北京

图书在版编目（CIP）数据

衣品修炼手册：穿出理想的自己 / 赵依霖著 . --
北京：中信出版社，2022.6（2023.3 重印）
ISBN 978-7-5217-3575-8

I. ①衣… II. ①赵… III. ①女性－服饰美学 IV.
① TS973.4

中国版本图书馆 CIP 数据核字（2021）第 186929 号

衣品修炼手册：穿出理想的自己
著者： 赵依霖
出版发行：中信出版集团股份有限公司
（北京市朝阳区东三环北路 27 号嘉铭中心 邮编 100020）
承印者： 鸿博昊天科技有限公司

开本：787mm×1092mm 1/32 印张：11.5 字数：159 千字
版次：2022 年 6 月第 1 版 印次：2023 年 3 月第 5 次印刷
书号：ISBN 978-7-5217-3575-8
定价：69.00 元

推荐序一

平时，人们在谈及日常生活的具体细节时，往往会说衣、食、住、行。衣，通常都在其中排第一位。

中国伟大的思想家孔子所提出的为人处世的基本准则之一是：君子正其衣冠。俄国著名作家契诃夫则主张：人的一切都应该是美丽的——美的容貌，美的衣裳，美的心灵，美的思想。中国著名政治家管仲曾说："衣食足而知荣辱。"随着中国经济水平的发展和社会环境的变化，越来越多的中国人开始讲究穿着打扮，不仅要求衣着拥有一定的实用性功能，还要求它拥有更高层次的审美功能。简言之，中国人力求"衣之有'品'"。

在我看来，要真正做到衣之有"品"，需兼顾如下几点。其一，要有文化。我们应具有一定的服饰知识，并且它多多益善。其二，要有见识。我们应有一定的阅历，有丰富的实践经验。其三，要有规矩。孟子说："不以规矩，不能成方圆。"衣之"规矩"，换言之，就是有关衣着的礼仪。其四，要有个性。个人的衣着最好符合自身特点，不宜以"时尚"和"流行"为衣着标准。如能兼顾此四点，则既可避免贻笑大方，又可展现出自己的衣品。

2022年春节期间，我非常高兴地读到了依霖女士精心撰写的这本书。这本书不仅弘扬了中国的优秀传统文化，更展示了广阔的国际视野；有为衣增"品"的各种规则，更有针对不同人群需求的可操作性方案。总之，我认为依霖女士的这本新作非常值得一读，并且可以让人学以致用，故特此予以推荐。

愿各位读者通过阅读本书学有所得！以自己的衣"品"，去扮靓生活、扮靓社会、扮靓中国、扮靓世界。愿大家通过自身努力，有朝一日可以自豪地说："美丽生活、美丽社会、美丽中国、美丽世界，因为有'你'，有'我'。"

知名礼仪与公共关系专家

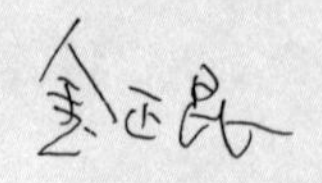

推荐序二

衣品，是更好地做真实的自己

依霖是我形象整合上的老师和教练。

现在互联网上有太多的课程或短视频，教你如何“N步打造一个好形象”，其中大多数都有非常具体的步骤，所改造后的形象也大多雷同。

我是研究艺术的，艺术的魅力总结起来就是三个字：真、善、美。纵观世界艺术历史，所有伟大的艺术作品都逃不开这三个字。

而这三个字里，最重要的是哪个字？

也许有些朋友会认为：当然是美啊！

诚然，人类对美有着本能的追求，而美的标准事实上是能被公式验证的，比如黄金分割比。

美的标准，也是随着时代主流审美的变化而变化的。比如，唐代以丰腴为美，而当代女性却总希望自己“再瘦一点”。

你会发现，美是有规则可循的，所以自然而然地，那些“教你怎样打造好形象”的课程，都会首先奔着如何实现当代社会或者人类视觉上认为的“美”努力。

这当然是好的，就像上文说的，人类对美有着本能的追求。

但是，我认为，美有一个更重要的前提，那就是：真。所有的“美”，都是建立在“真”的基础上的。

依霖之所以打动我，让我非常信任地把“意公子”的形象交给她来打造，很大程度上，就是因为她不只做到了让你“美”，更重要的是，她还尊重你的“真”。

我印象很深的是，她帮我测量完身体的各种数据以后，我一看结果，就开始嫌弃自己哪里哪里不够好，比如脖子太粗啦、身高太矮啦……

依霖说：“你只看到了你这里不好，那里不好。你可以换一个视角，就是除了你刚说的几个地方，其他地方都非常好。”

这句话一下子就转变了我的观念。紧接着，她就带着我一起探索如何把我感觉良好的地方，在形象视觉上凸显出来。

接纳自己的短板，这可能是需要我们修炼一生的课题，但换一种角度，不断看见并发挥自己的长板，能更快地帮助我们变得更好。

这是我在依霖的形象课程中深切体会到的。

还有一件事同样让我印象深刻。

我希望“意公子”在形象上有一个升级，于是我在认识依霖多年后又找到了她。

创立意外艺术，成为“意公子”之前，我是一名电视台和电台主持人，穿的许多衣服要适应一些舞台场合。10 年前我第一次请依霖帮我做形象测试的时候，得出的结论也是更适合“古典型人”的着装。正装、简洁、对称等，是这类型人着装的关键词。

但当我走下舞台，成了“意公子”，有机会更全然地做我自己的时候，我希望着装体现的风格，是更自然的、更真实的、更素朴的，同时又有一些意料之外的小看点。

意公子的形象色是绿色。我之前的绿裙子，虽然在设计上非常简约，但款型和配饰都过于体现精英感，不适合“意公子”希望传递出的形象。因此我们决定，淘汰原本的绿裙子。

那穿什么呢？依霖提出了大胆的建议。

第一，保持“意公子绿”这个极有辨识度的色彩。

第二，让这个绿以更多元的方式呈现。比如录节目的时候，可以穿绿色的、宽松的、以中国元素当代化的方式来设计的长衫；出席活动的时候，可以穿绿色的、不对称的、更挺括的西装裙；日常生活中，则可以让这个绿色更丰富地出现，比如，绿色的胸针、绿色的包包、绿色的长马甲、绿色的眼镜……这些是类似色号的绿色，可以让“意公子绿”成为一个彻底的视觉符号。

在我身上发生的这两个故事，体现的是我认为在形象塑造里非常高级的境界：她不仅保留了你的“真”，同时在此前提下依照“美”的标准对你的内涵进行延展，在这个过程中让你既不丢失自己，又加强了美感。

更重要的是，她帮助我找到并强化了一个专属的视觉符号，让原本普普通通的我，变成了一个受观众认可的品牌。

每个人都是自己打造出来的艺术品。

我们因为“真”，才活出了不同的“美”。

所以，如果你要问我，为什么要看依霖老师的书、上依霖老师的课，我会说，她最大的魅力，就在于和你一起找到你的“真”，然后——帮助这个“真”更“美”。

潇涵

自序

生活里每时每刻都有战局，每个人都需要一些比肩作战的战友，他们有时是你的家人或同事，有时是你的伴侣或闺密，但更多的时候，你的战友就是你自己。好品位则是助你乘风破浪的武器，也是温暖和疗愈你的工具。曾经的我是一个特别不自信的女生，衣品点亮了我的人生，我从不会穿衣打扮，到通过提升审美认知来管理自己的整个人生——正如创作这本书的过程一般，从零开始探索、尝试，不断地犯错，反复地修正，直到更加坚定地认识自己，知道自己的人生真正想要的是什么。

服饰是一种常态化的生活语言，衣品是人生中必不可少的一部分。真正的品位并不仅仅意味着华丽与时髦，而且能够舒适地表达和传递你的情绪、态度和思想。它和你的人格特质息息相关，也是一年 365 天日夜陪伴你的仪式感。人们谈到穿搭的频次很高，而衣品不仅仅指简单的穿搭技法，更代表着一个人日积月累的风度和气韵。审美有迹可循。在这本书里，我认真拆解了衣品管理的底层逻辑和操作步骤。通过这本书，你能够学到的不仅仅是穿衣技法，还有全方位提升审美品位的体系。

提及这本书的创作历程，我很感谢策划人燕恬的帮助，对于一个新手作者来说，她的耐心和专业唤起了我无保留地把多年的经验通过文字分享出来的勇气——写作过程远比我想象的困难，从梳理文字框架，到把自己优势领域的相关知识拆解，再到结合日常实际分析如何应用和进行分享，一点一点地添砖加瓦，直到此刻呈现在你面前。

这本书分为五个章节。在第一个章节里，我分享了衣品模型的由来和价值。衣品，之所以能成为“品”，它绝不是指一次偶然的惊艳亮相，更多需要你一点一点地沉淀，探索出你的风格与气场。服饰是一个人内心状态的投射。如果想拥有良好的衣品，那么你需要认真地解读自己的内心需求。通过服饰，你能够读取一个人的生活方式、价值观和性格喜好。真正决定衣品的，绝不是简单的服饰搭配方法，而是一个人具备的审美能力。在第二章里，我细化拆解了提升衣品的三个要素。在这一章里，你能系统地认识到自己的长相、身型和选衣的规律，以及身份、角色和性格喜好等是如何与你的衣品关联的。第三章是我搜集的衣品案例库，通过五个案例，来告诉你不同衣品类型的人应该如何有针对性地打造自己。在这里，你或许能够找到自己的影子。第四章里，你能习得一些关于“到底怎么穿才好看”的实用穿搭小技巧。在最后一章里，我为你重新整理了思路，如果你愿意，不妨跟随本章的步骤，开始设定你的衣品提升目标，定位你的视觉关键词，提取你的核心精神理念以及专属视觉符号，在不断的应用中，总结出属于你的“穿衣宝典”。

这是一本结合了底层逻辑和应用技法的书。我创作这本书的过程，也是自我梳理和自我更新的过程。我希望通过本书诠释衣品的精神，分享如何通过衣品得体地自我表达，使用好衣品这门“无声的语言”，悄然打开一扇扇与自己、与他人、与商业的连接之门。读完这本书，你或许会发现，即便是一件稀松平常的事物，也折射着每个人对世界的不同理解和认知，而使用好一件衣服，也会加深你对于自己的理解和认知。更重要的是，你会意识到，生活中那些美好的事物其实离我们并不遥远，只要培养出好的品位和审美感知力，就能在日常生活中创造出更加丰富的美感体验。

嘿，感谢你开启这本书。这是我人生中的第一本书。人生中有许多第一次，虽不完美，却弥足珍贵，愿这本书带给你，更多勇气和成长。宇宙山河浪漫，生活点滴温暖，都值得我们努力为之前进。

依霖

前言

出版人吴燕恬之所以会选择出版《衣品修炼手册：穿出理想的自己》这本书，是因为这是一本反消费主义的图书。

它不是让你买更多首饰、更多衣服，而是让你穿出深藏于皮囊之下的灵魂、气质与能力，让你打开衣柜就可以创造属于自己的美丽符号。

和其他图书、时尚博主以及时尚穿搭平台不同的是，这本书除了教大家穿搭的技法，还告诉大家审美认知的底层逻辑。书中所强调的衣品五大模型，让大家在每一种情况下都能实现得体的表达。这本书不光能让你穿着得体、舒服，还能让你清晰地洞察自我，从而让你走出穿衣搭配的困境，享受衣服给你带来的自由和力量。衣服，除了遮蔽身体，更重要的是表达你的灵魂，体现你的神韵。

我们由衷地感谢作者赵依霖，她通过这本耗时三年的作品将自己多年的美学经验毫无保留地分享出来。感谢李静媛老师让我们得以与中信出版社合作。感谢中信出版社的编辑曹萌瑶、蒲晓天、宋笑宇和张牧苑，她们让这本书得以顺利出版和发行。感谢天演团队的吴燕恬、林荫和牛阳阳几位老师集合所有人的力量一起完成这本书。

最后也要感谢创作过程中给我们反馈和建议的天演品鉴官：

Vicky 洪、肖庆兰、胡玥、关关、高春燕、Merry 信、KK、武佳佳、杨开开、Mia、周英艳、沈文君、何鑫、王晶、安慧、张博雅、妤倩、陈嘉伟、韩冰、道法自然、于星、姜婉、李佳琦、Maggie、吴瑶、姜姜 Lydia、曲玫霖、红瘦、宋思勤、苏拉威斯、汪玉懷醫師、淡泊明志，宁静致远、爱喵 Arthur、曼兮、赵鑫、蓝鱼 nana、青苹果叶、乔治、崔晓玲、荔雯、雨嘉、冷丽君、李银姬、涂琪珍、chirs、溜达妞、李志祥、李凤杰、杨馥蔓、零度女巫、心怡、彩虹之约、石岩、潘媛、黄莉棋、陈郁欣、小蜜蜂、Ivana、Saraking、萧、欣媛、杰西酱、Hazel、贾萍萍、椰蓉、李恩熙、晴天、EmilyGENG（排名不分先后）

愿所有人通过阅读这本书，能穿出真实又理想的自己！

阳阳

目录

5 打造你的专属衣品，重塑你的形象

1

打开衣橱，审视新的自己

衣品是人生的必修课

衣服就是这样，

会和你的内在相互影响，

与此同时，

也在向外界讲述着和你有关的故事。

你的衣服以及和你一起出现的所有物品，都可以传达关于你的信息。这与时尚无关，但是你选择的这些衣服和物品，会在潜移默化中传递你想表达的讯息。一个身穿正式且隆重的礼服的人，他的动作和说话方式有可能和平时的表现有所不同，因为在正式的装束下，他会更加注意自己的言行举止，此刻，他对自己的心理暗示是："我是人群中的主角，大家正在关注着我。"衣服就是这样，会和你的内在相互影响，与此同时，也在向外界讲述着和你有关的故事。

有人说"衣品即人品"，穿什么样的衣服不仅反映你的个人喜好，也展示着你的个人品位。如果你想要证明自己对待工作认真、严谨、负责，那么就需要格外注意服饰线条的简洁。有时候，仅仅通过服饰，你就可以了解一个人的个性、年龄和收入水平。比如这三位女士（见图 1-1），假如让你选择其中一位作为你的金融理财顾问，你会选择哪一位呢？几乎所有人都会选择中间的这位女士，原因很简单：这位女士的衣着服饰传递出的理性、严谨和秩序感，令人觉得安全、可靠，而关于金钱方面的委托，安全感往往是第一考量标准。中间的这位女士曾经是国际货币基金组织（IMF）的总裁、如今的欧洲央行行长拉加德女士，她的所有穿戴信息都和她的身份信息完全吻合，易于读取和识别。

图 1–1

对许多公众人物来说，衣着也在悄然传递信息给民众。比如，美国前总统奥巴马在对工人发表演讲的时候，会选择不穿外套，卷起袖子，这样的装扮想要表达的是，“我们都是奋斗者”。我们的国家领导人在出席外交会议的时候，会选择穿中式服装，向世界展示中国传统服饰之美。瑞士银行向其职员发布的着装规范中，建议佩戴手表（手表代表时间观念），并详尽规定了如何穿戴服饰。高格局的美不仅仅是呈现得漂亮、好看，更重要的是，你选择的服饰能否和你所处的环境、你的身份以及你想要表达的自我完美结合。

衣品也是一种能力，如果你能够随时随地表达和传递恰当的视觉信息，那么就会极大地节省你的社交时间，并建立个人识别度。一位娱乐圈的名人曾在节目中说过：作为一个个体，穿什么、说什么、做什么，都是他人识别和读取你信息的核心依据。其中“穿什么”是最快捷和一目了然的依据，比如，领带可以使你看起来可靠并且传统，这对于金融行业从业者来说很重要，因为客户希望你在管理资金方面是专业的、认真的，但如果你来自科技创新公司，这种装扮可能就会略显沉闷、缺乏新意。

在创造个人品牌的过程中，服饰可以非常精准地和你的性格形成呼应，优雅知性、古灵精怪、时髦帅气或者简约干练，这些视觉关键词会反映在你的服饰元素上，你穿什么、你以什么样的观感出现在大众面前，能够最快速地让别人对你建立认知。

对于一组全部穿着西服的男艺人，你是很难看出差别的，因为当服饰相同的时候，你会觉得他们全都帅气、阳光、高挑，只有当他们穿着不同类型的服饰时，你才能清晰地看到他们之间的差别，有的温暖、有的开朗、有的内敛。所以，一个人可以通过选择不同的服饰，改变他人对自己的刻板印象。

衣着打扮不仅影响你留给他人的印象，也影响你的自信心和思维方式。当你穿上职业装的时候，你会刻意地和他人保持社交距离，并以职务身份来称呼他人，而不是用更亲密的称呼，也就是说，职业装增加了你和他人的距离感，增强了你们的商务关系；而当你用时髦的街头元素来表达自我的时候，你会不自觉地使用更加放松、随意的身体姿态和肢体语言，因为过于端庄严肃和你的服饰极不协调。

心理学有个“薄切片”理论，即大脑可以根据少量的信息在几秒钟内做出判断。我们常常有这种感受，见到一位陌生人后，会在第一时间产生对方是否值得信任的判断，自己也不知道为什么。这种直觉或者说“第一印象”就是薄切片思维的一部分，“首因效应”[①]和“晕轮效应”[②]也都说明了这个现象。因此，服饰、配饰、发型、香水、肢体语言、语调、表情，都会成为你在他人脑中的“薄切片”。在接下来的章节里，我会详细讲一讲，如何根据目标来选择自己的服饰着装，比如，如果你想要在晚会上建立社交联系，就应该让肩膀放松，用平稳的声音说话，选择温柔雅致的着装。

掌控自己的着装方式和表现方式，能够帮助你实现目标，更加从容地走好生活中的每一步，真正收获自信、得体、影响力，让全世界都成为你的舞台。

---

① 指交往双方形成的第一印象对今后交往关系的影响，即“先入为主”带来的效果。——编者注

② 指在人际知觉中所形成的以点概面或以偏概全的主观印象。——编者注

五大维度
解锁衣品密码

内在的需求不同，

所处的状态就会不同，

对外在服饰的需求也会不同。

在构建衣品理论的过程中，我借鉴了马斯洛需求层次理论和大五人格理论，分析人的性格、需求与服饰呈现之间的关系。

在马斯洛需求层次理论中，人的需要被分为生理的需要、安全的需要、社交的需要、尊重的需要、自我实现的需要，这五种需要呈阶梯状依次递升，成为激励和指引个体行为的力量。内在的需求不同，所处的状态就会不同，对外在服饰的需求也会不同。比如，处在生理需求层级的人对于服饰的需求是舒适度，也就是保暖与否、起不起球、是否容易变形；而到了自我实现需求层级的人，则更加追求内在和外在的和谐统一。

大五人格理论则从开放性、责任心、外倾性、宜人性、神经质性这五个维度对人格进行分析，每一种维度都对应截然不同的人格特质。比如开放性强的人通常具有想象力和创造力，并且情感丰富，这类人在人群中敢于使用大胆活跃的色彩和丰富的元素，倾向变化性、创造性和艺术性；责任心强的人显示出公平和条理，通常自律且谨慎克制，在服饰上也表现出秩序和严谨的穿衣倾向，喜欢保守和纯度偏低的色彩；外倾性强的人往往容易表现出热情、外向、果断、活跃和冒险的特质，更加喜欢相对夸张和有个性的服饰，在人群中有很强的存在感；宜人性强的人具有依从、信任、谦虚和利他属性，在外在的服饰上倾向选择柔和的色彩以及知性优雅的风格；神经质性强的人拥有脆弱冲动的情绪特质，容易产生敌对和压抑感，这类人倾向使用一些暗黑、神秘的视觉表达，往往会选择一些另类和极富个性的着装。

通过马斯洛需求层次理论和大五人格理论，我总结了一个衣品模型。这个模型可以帮你更清晰地了解自我的需求，以及针对不同的需求选择你现阶段服饰的最佳呈现方式。最好的服饰表达一定是和你的内在需求相呼应的，如果要选择一个关键词来形容衣品，那么我会选择“得体”这个词。恰到好处的分寸感，会令你在任何场合都游刃有余。

安全感：

我只要舒服就好，我不希望别人注意到我的存在

衣品模型的第一个类型叫作安全感（见图 1-2）。拥有安全感需求的人，内心的表达是“我只要舒服就好，我不希望别人注意到我的存在”，在服饰选择上的关键词是保守、舒适、不出错、安全。这样的表达在人群中很常见。对于很少关注服饰的人，安全不出错的服饰让他觉得舒服，而张扬的色调和元素都容易令他觉得焦虑和不安。

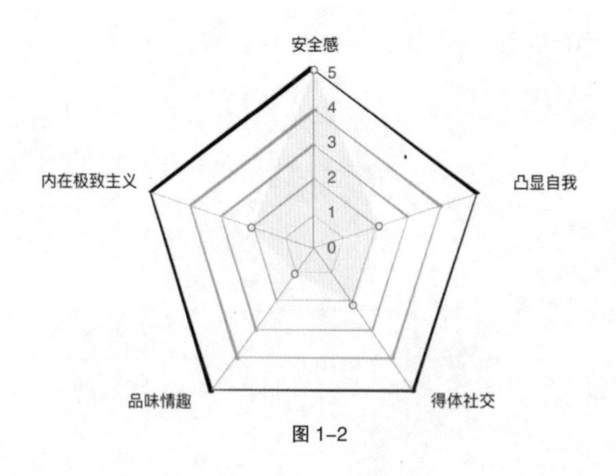

图 1–2

凸显自我：

我要成为所有人视线的焦点

第二个类型是凸显自我（见图1-3）。这个类型的人希望大家能够注意到自己的存在和与众不同，注重识别度和个人存在感，喜欢使用鲜艳活跃的色彩，有变化的、丰富的图纹元素，这个类型的核心诉求是被看见和被识别。比如明星参加盛典活动时，这个凸显自我和与众不同的诉求就体现得尤为明显，假如一个女明星在参加活动时只注重安全感，很可能就错过了最佳的媒体宣传的机会。

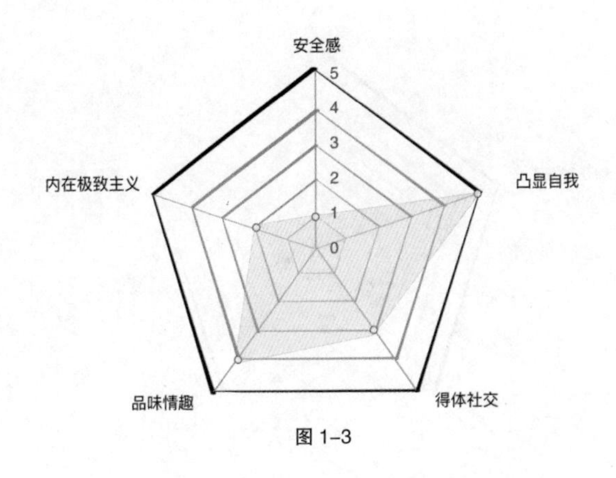

图 1–3

得体社交：

我的穿着要契合场合和身份

第三个类型是得体社交（见图1-4）。这个类型的人希望在每个不同的场合，穿着都能和自己的身份角色相匹配，同时这个类型的人十分注重场合感的表达，比其他类型的人在穿衣上更加倾向于秩序感和严谨感。满足得体社交的诉求，需要有非常清晰的服饰礼仪概念，在不同的场合和场景中自如切换，恰当地展现自己不同的角色特点。

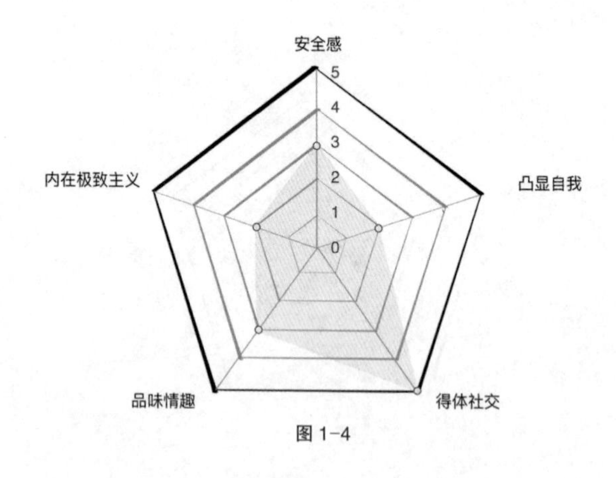

图 1-4

品位情趣：

我是个很有自我调性和生活情趣的人

第四个类型是品位情趣（见图 1-5）。这个类型的人通常对自我内在和生活的关注多过对职业感的关注，“我是个很有自我调性和生活情趣的人”，这是品位情趣型人的内心表达。在展现品位情趣方面，很多人会选择一些风格突出的服饰风格，比如中式禅意风格的着装，就很容易让他人读取到你的品位，再比如艺术化风格的着装，也能传递出你个人的独特喜好。

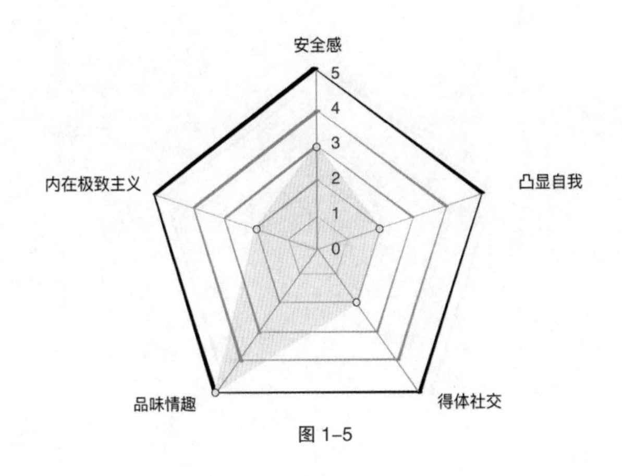

图 1–5

内在极致主义：

我不希望被任何人定义，在我的世界里，精神追求远高于物质追求

最后一个类型是内在极致主义（见图 1-6）。这类人内在的自我实现需求高于其他，通常不太花心思和时间去打造外表的呈现，而是把精力主要放在如何实现个人价值上，“我不希望被任何人定义，在我的世界里，精神追求远高于物质追求”。许多设计师都拥有极致主义的特点，他们偏爱用黑色、白色、亚麻色这类极简的、不呈现任何

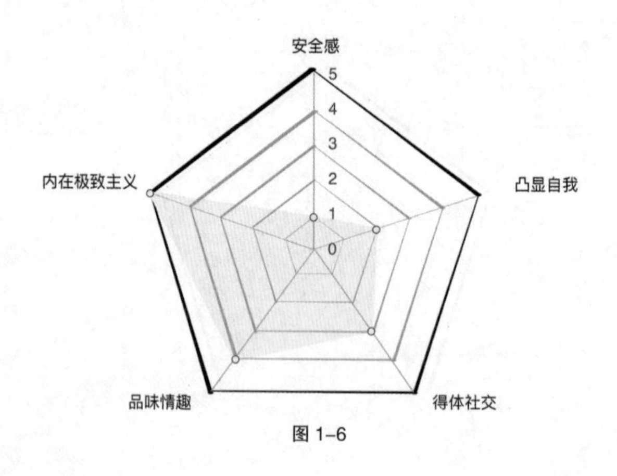

图 1-6

情绪的色彩来表达自我。

你可以通过以上的特征描述来判断自己属于哪一种类型，先对自己的内在需求有一个初步的了解和认知，并判断下自己目前的外在服饰呈现是否和内在需求相匹配。

穿搭的秘诀，
就是穿出你自己

通过衣品，

你既可以取悦自己，

也可以影响他人。

衣品这个概念，可以简单地理解为穿衣的品位。好的衣品，不仅可以最大化地修饰和衬托你原本的气质，还可以直观地向别人透露你的身份特质和兴趣爱好。通过衣品，你既可以取悦自己，也可以影响他人。服饰品位是一种个人化的表达，其中包含了三种非常重要的能力：清晰的自我认知能力、不同场景中得体自如表达的能力以及个人的审美能力。在我看来，穿衣这件事虽然日常且平凡，但其实是你内在的核心能力的投射，不断地刻意训练这三种能力，不仅能提升你衣着的观感，更重要的是能帮你获得更多的机会。

建立清晰的自我认知，是塑造好衣品的前提条件

第一种能力是清晰的自我认知能力。穿衣服这件事对于绝大多数人来说都是例行的习惯和规定动作。每天上班之前机械地选择当日的穿搭，晚上参加朋友的聚会之前打开衣橱随手取出一条裙子换上，外出参加正式的商业谈判会议之前临时抱佛脚买一套商务装……这些场景你是否很熟悉？多数人对衣着抱持应付的态度，只有少数人是认真在对待。通常一个人的一生总共只有三万多天，假如每一天都马马虎虎地过，多少有些遗憾。

有时候我喜欢站在路边观察来来往往的行人，有些人的身材小巧，却穿着大女主范儿的廓形西装和高腰阔腿西装裤。也有人身材微胖，有轻微的拜拜肉，却选择了一条束腰的贴身连衣裙，风风火火地奔走在上班的路上。每当看到这样的行人，我大致能猜出她们在服饰上找不到自我风格的原因——对自己的长相和身材缺乏清晰的认知和了解。这类人的问题是，以为自己穿着很好看的衣服，其实恰恰踩中了雷区。

只有清晰了解自己的长相和身型，才能够在自己的优势和劣势的基础上加以修饰和改良，规避短板，凸显长处，选择适合自己的服饰，穿出令人惊艳的效果。

我的一个好朋友，先天的身材条件特别好，又瘦又高，腿也很长，大家都很羡慕她的身材，但是她也有苦恼，就是腰身偏长。你可能会问：腰身偏长有什么影响呢？影响在于，假如衣服选择得不够恰当，人就容易显得上半身偏长，下半身偏短。我的这位朋友曾经也被这个缺陷困扰，明明身高体重都很标准，为什么总觉得自己的身材比例看起来五五分呢？通过对她进行专业的身型分析测量之后，我得出了“腰长比例不对”的结论。针对这个身型问题，我告诉她，弥补和修饰方法就是不要选择太过于紧身的上衣，因为那样容易让腰部显得更长，同时尽量选择高腰裤和高腰裙，再加上一件略微宽松的罩衫。这样，就能很好地规避身型上的小问题。

还有一个常见的身材问题，就是个子矮小。很多人因为自己个子矮而不自信。我观察了身边小个子的客户和朋友，发现他们最常见的弥补方法就是“外增高”（通过抓高发型或者戴帽子）加“内增高”（通过穿内增高鞋或者垫增高鞋垫）。这些方法虽然能够在一定程度上让人显得高挑一些，但既费力又显得很刻意，而使用服饰调整的手法，就会显得轻松且不留痕迹。比如，我会建议我的客户尽量选择上下身相近色彩的穿搭，避免在腰间系上色彩非常突兀的腰带，这样能够让上下半身有色彩的承接和流动感，显得高挑；另一种方法，是在身体的上部选择一处佩戴醒目的配饰，比如时尚的耳环或者项链、丝巾等——当别人的视觉落点出现在颈部及以上位置的时候，容易产生高挑的视感。

我常常将服饰调整称为近景魔术，也就是通过色彩、形状和线条的设计，将你希望被看见的地方突出，不希望被看见的地方隐形。人会产生视觉错觉，而服饰调整运用的就是这种视觉错觉的原理。比如见图 1-7，请观察一下每张图中间的黑色椭圆，你认为哪个面积最大呢？基本上大多数人都会觉得最左边的图形里面的黑色椭圆是面积最大的，而最右边的这个图形里的黑色椭圆是面积最小的。

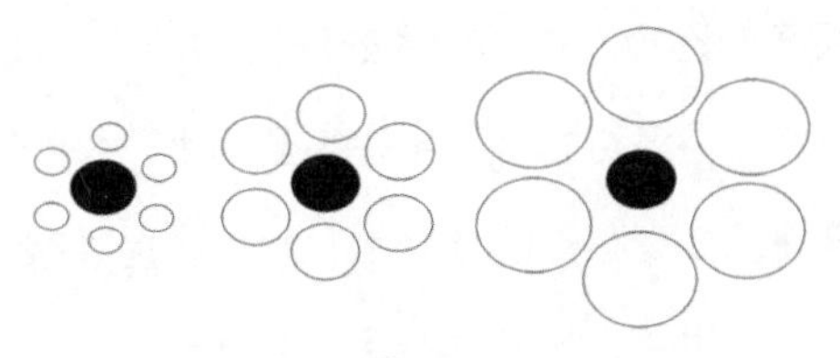

图 1-7

实际上是这样吗？并不是。三张图里黑色椭圆的面积是一样大的。那么，为什么你会觉得最左边图形里的黑色椭圆是最大的呢？原因在于参照物的大小不一样。由于围绕在黑色椭圆外的白色椭圆的面积不同，衬得黑色椭圆的面积看上去也发生了变化。最左边的图形里，黑色椭圆周围环绕的白色椭圆是最小的，而最右边的图形里，黑色椭圆周围环绕的白色椭圆是最大的。因此，最左边的黑色椭圆被衬得很大，而最右边的黑色椭圆被衬得很小。

在做服饰调整的时候，我也常常使用这个原理。比如夏天女生常穿的热裤，腿粗的女孩往往觉得穿不出好的效果，我给客户的建议通常是，大腿粗的女生需要穿宽口的热裤，这样能够衬托出你大腿的纤细，假如穿窄口的热裤，就容易显得大腿更粗（见图 1-8）。同样的原理也可以用于图案的选择：很胖的人衣服上的图案不能太细碎，否则就容易显得身材更胖，中等甚至偏大一号的图案才是更好的选择。在高跟鞋的选择上，我也会提醒客户，假如你的小腿非常粗壮，那鞋跟一定不要过于纤细，因为从身后看起来，纤细的鞋跟容易衬得你小腿更加粗壮，而适度粗一些和宽一些的鞋跟反而能够衬得小腿比较纤细。

除了参照物的原理之外，线条也会有视觉引导的作用。日常没有仔细观察的人，通常不会注意到图 1-9 中左右两种线条的差别。假如这是两件衬衫，绝大多数人可能都会将其定义为斜纹衬衫，选择哪件都是一样的，完全没有差别。但在我的工作中，我会将其中的差别分析给我的客户：左边的这张图，条纹视觉的方向是从左上往右下引导的，也就是说，假如这是一件上衣，那么视觉点是往你的腰部引导的；而假如这是一条裙子，视觉点则是引导到你的脚部（见图 1-10）。右边这张图，条纹的视觉引导方向恰恰相反，是从左下到右上，也就是说，假如这是一件上衣，视觉点是引导到你的肩膀和脖子处（见图 1-11）；而假如这是一条半身裙，视觉点的引导则会落在你的腰部。或许你会纳闷，引导到哪个部位有那么重要吗？当然重要！假如你是一个对自己的颈部比较自信的人，你就应当充分地把颈部的优势展现出来，选择右边这种图纹的上衣，不知不觉中别人的关注点就会落到你的颈部；假如你是一个对自己的脚部很自信的人，那选择裙子的时候，可以选择左边的图纹作为裙子的图案，这样能恰到好处地引导别人注意你的脚。这就是服饰调整中视觉引导的效果：你想要被关注到的部位，总能够被看见；你不希望别人注意到的部位，很难有人留意到。

再来看图 1-12。你一定已经猜到我想要问什么了。这两个不同方向的斜线纹路组成了一个视觉箭头的符号，左边的箭头指向下，也就是说视觉向下引导（见

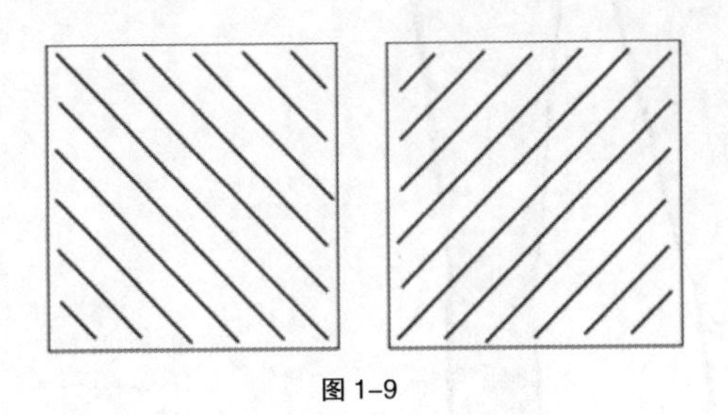

图 1–9

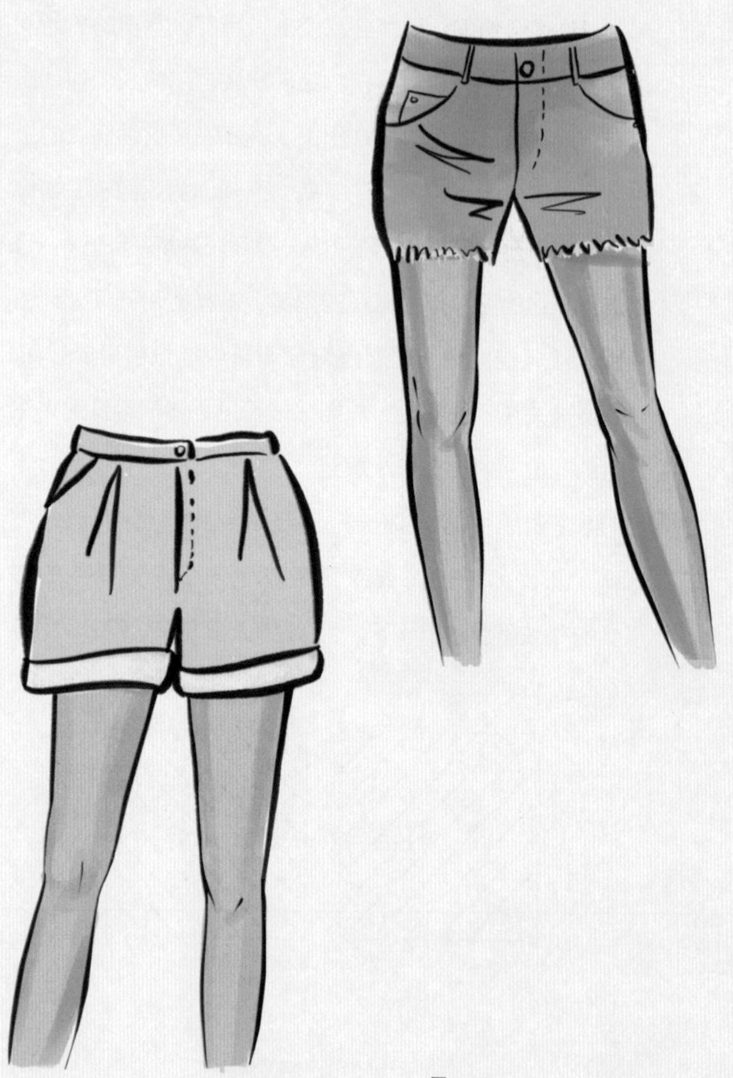

图 1–8

图 1–11

图 1–10

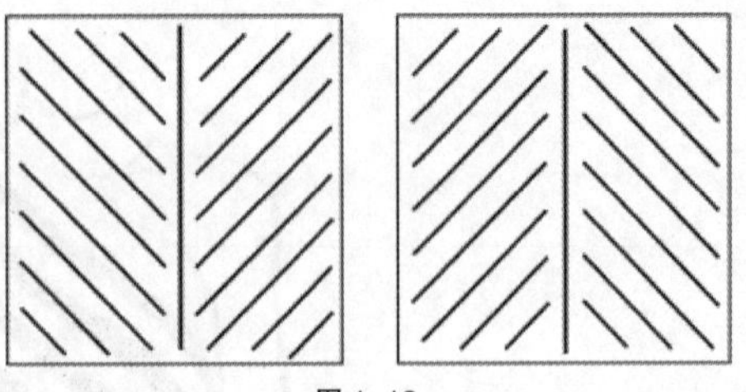

图 1-12

图 1-13）；而右边的箭头指向上，视觉向上引导（见图 1-14）。要选择哪种图案的上衣或下装，就要看你希望别人的视觉落点在哪里。

最后一张能够体现视觉差异错觉的图形是关于扣子的（见图 1-15）。如你所见，下面左边这张图，像是间距比较近的双排扣，而右边的这张图是间距比较远的双排扣。假如这是一个人穿上身的图，你会觉得哪一位比较胖呢？显而易见，右边的这位像是身型比较宽胖的人，而左边的这位显得相对苗条。就连扣子这样的细节之处，采用单排扣还是双排扣、大扣子还是小扣子，都有着设计上的差别（见图 1-16）。假如你很了解这些服饰调整上的原理，就一定能够最快速、最便捷地选到真正凸显你优点和规避你缺点的服装。

图 1–14

图 1–13

图 1–15

图 1–16

除了熟悉服饰调整的原理之外，更重要的是对于自己的长相和身型要有一个清晰的自我认知：你的五官是大的还是小的，你的五官线条是硬朗的还是柔和的，你的身型最大的优势和劣势在哪里，你需要凸显的位置是哪里，等等。如同生病需要对症下药一般，穿衣也是一样，建立清晰的自我认知，是塑造好衣品的前提条件。

清晰的自我认知在任何时候都是一种能力。在职场上，能够准确自我评估、知道自己的优点和短板的人，能做出合适的职业选择；在商场上，能够准确自我评估、清晰地知道个人的优势和劣势的人，能选择和自己优势互补的合作伙伴来组建团队；在衣着上，能够准确认识自己的长相和身型特点的人，能更好地呈现和表达自己的特质，让自己在最短的时间内获得自信，收获积极的外部反馈。

不同场景中得体自如表达的能力，是打造好衣品的必备特质

第二种能力是不同场景中得体自如表达的能力。在许

多热播的影视剧中，你会发现男女主角对于不同场景的穿衣法则总是把控得极其精准：上班的时候穿着白衬衫加深红色半裙，干练知性；在家里的时候穿着自然舒适的家居服，温柔贤淑；去参加宴会或者聚会的时候穿着真丝材质的连衣裙，精致有度……

想要掌握恰到好处的场景感，需要你熟悉不同场合的着装规则，也需要你对自己的角色定位准确。在某一个特定的场合、场景之下，人们对于服装的需求很可能不只是好看，更重要的是，你能够通过服饰的款型及材质等，得体地表达你的角色定位和意图。

因此，关于衣品的呈现，我分为自我表达与刻意表达两种类型。

自我表达的重点，是结合自己的长相和喜好，释放出个人特质的魅力。在东方的文化中，自我表达大多是很含蓄腼腆的，即便我们内心想要被他人关注和重视，在着装上也很少释放出这样的信号。服饰是最能够简捷迅速地传递个人特质的视觉信号，在服饰上稍加改变，就能让他人更好地了解你的内心。

刻意表达是为你的“人设”而服务的，也就是说，你想要塑造一个什么样的角色，就应该用什么样的服装去辅助你完成这个角色的表达。这就好比电影中的人物角色的塑造，优秀的导演在做角色定位的时候，会精心设计这个人物的形象和服装，甚至很严格地选择长相和气质跟这个角色相匹配的演员。很多一炮而红的影星，除了具有精湛的演技之外，还有一个重要的原因是演到了适合自己的角色。

除此之外，生活中许多场合的着装，也都有刻意表达的要求。如果刻意表达的部分没有拿捏得当，会释放出错误的视觉信号，令他人误解。我曾经参加过一次赈灾晚会，当天有很多艺人出席。大多数艺人，即便是非常知名，也只穿了朴素的白T恤和牛仔裤，但是有一位女艺人穿了一条华丽的小礼服裙，在现场一片朴素休闲着装的映衬下，这条小礼服裙显得非常亮眼和出众，却和现场的主题格格不入。显然，这是不得体的表达。在赈灾的特定场景下，艺人们出场的意义在于呼吁人们一起参与赈灾的行动，共情灾区人民的感受，而非彰显自我和炫耀外表，因此，华丽的着装显得没有诚意，也极易引起观众的反感。在刻意表达中，得体往往比好看更加重要。

再假定一个场景：一位职业女性，在职场上是一位具有权威感的领导，同时她的另一重角色是一个 5 岁孩子的妈妈，这个周末她要参加孩子的同学聚会，应该怎么穿呢？在这个场景下，她的刻意表达是为“妈妈”这个特定的角色来服务的，假如还是像日常一样穿着具有权威感的着装出席，就容易令现场的氛围变得严肃，更不适合同其他妈妈展开交流，因此，最佳的选择是彻底切换到妈妈的形象，选择温柔淡雅色调的着装。我也曾看到一些妈妈出席这类场合的时候着装虽然不生硬，但又过于随意，穿着朴素得不能再朴素的宽松卫衣和打底裤。这样的表达合适吗？答案依然是不合适。

试想你是这个孩子，你会希望和自己一起出席好朋友的聚会时妈妈穿什么服装呢？我也是位母亲，有两个女儿，在她们的成长过程中，我发现她们对妈妈的形象是有要求和期待的，假如我今天穿了一条好看的连衣裙，女儿会非常欣赏地看着我，对我说：“妈妈，你今天好像公主呀！”可见，在小朋友的世界里，有一个温柔漂亮的妈妈，是值得自豪的，甚至可以提升和增强他们的自信心。所以，在这个场景里，你不仅不能穿得太职业化和强势，也不能穿得太随意和朴素，最得体的穿搭是温柔漂亮的连衣裙加上简洁淡雅的妆容，这会让你的亲和力大大提升。

总而言之，自我表达展现的是你的魅力和个性特质，刻意表达则是服务于特定角色的。这两种衣品的表达方式，分别满足着你对自我的期待和他人对你的期待。

培养良好的审美能力，成为懂欣赏、懂选择、懂创造的人

第三种能力是个人的审美能力。个人的审美能力是三种能力中最难速成的，需要一定时间的积累和环境要素的成全。一个在充满美感的环境中长大的孩子，成年后更容易识别美，也更具有对美的鉴赏力和创造美的能力；如果一个人的成长环境中缺少美感的培养，缺少感受美的氛围，身边的人对于美都不关注，那么这些因素可能会导致

他在成年之后，很难理解“什么是美”。我的时尚圈和艺术圈的朋友里，八成以上的人都有一位懂得美的妈妈或者生活精致的奶奶，在日复一日的观察和模仿中，他们也养成了很好的审美品位。

虽然关注审美的大多数是女性（似乎爱美是女人的天性），但在时尚设计师中，也不乏高审美素养的男性，比如山本耀司先生、阿玛尼先生和迪奥先生，等等。以迪奥先生为例，我们在迪奥的品牌中能看到特别多花朵的产品造型，大部分的产品设计也都表达出极致女性化的韵味。我曾经在迪奥的展览上了解过迪奥先生的故事。他出生在一个富商家庭，家里有一座美丽的玫瑰花园。他的母亲是一位颇具艺术气质又非常热爱生活的女性，迪奥先生的童年时期，有很多欢乐时光是和母亲在玫瑰花园里度过的。母亲带着他修剪枝叶、欢闹嬉戏，这些美好的画面，就停留在了迪奥先生的记忆中，也成了他日后创作的非常重要的灵感来源。无独有偶，著名华裔建筑师贝聿铭先生也是如此。苏州著名的园林建筑狮子林是贝聿铭先生的家族产业，他童年的时候在狮子林里度过了一段时光，对于建筑的认知和启迪有很多源自他那段时光的观察和美感积累，他的建筑代表作也无不透露着与自然融合的空间观念。

我采访过一位时尚圈的好友，他也有一位爱美的长辈——他的姑妈。他的记忆里仍留存着小时候姑妈家的各种时尚杂志的影子，他说他经常翻看那些杂志，不知不觉就会被其中漂亮的色彩和图案吸引，因此长大之后，他也毅然选择了时尚领域作为他的职业赛道。

看到这里，你或许会觉得有些丧气，似乎拥有审美能力的前提是拥有殷实的家庭环境。其实并非如此，在时尚界、艺术界和建筑界，也有很多在普通家庭中成长起来的人，有些人甚至家境贫寒，但是依然能够在美学领域取得突出的成就。比如被誉为“光影魔术师”的安藤忠雄先生，他就出生于一个极其贫寒的家庭，童年时和奶奶住在一个阴暗黝黑的小房子里。有一次，由于房顶失修漏雨，只好请工人到家中维修。奇妙的感受发生了，在工人掀开他家屋顶瓦片的那一刻，一束阳光照进屋里，幽暗的空间一下子变得明亮和美好，安藤忠雄先生感受到了前所未有的震撼和幸福。他开始意识到，自然和建筑的交互作用是如此奇妙。从那时起，安藤忠雄先生萌发了要做一名建筑师的理想。虽然没有上过正规的设计院校，但是他独特的清水混凝土建筑风格以及结合自然之光的建筑设计举世闻名，向世人表达着他对美好生活的理解。

由此可见，审美的能力来自你对这个世界的观察和理解，来自你对于美好的发现和认知。如果你愿意花时间去积累审美能力，那么它一定可以慢慢融入你的人生。

审美跟衣着又有什么关系呢？高级的穿衣品位是一个人审美情趣的最好展现，审美能力是衣品非常重要的加分项之一。同时，就像我刚刚提及的时尚设计师和建筑师一样，审美能力是将你对美好生活的观察和思考表达出来的一种能力，拥有良好的审美品位，你就能够在服装搭配上发挥自己的想象力和创意，同时也能够更好地去把控服装的质感和细节。

拥有良好的审美能力的人，也能够敏锐地从时尚电视剧中解读服饰搭配的亮点。普通人在看剧的过程中或许不会关注到的细节，审美能力强的人都能轻松地捕捉到，并应用于自身。审美能力是一种感受当下的能力。这个世界从不缺乏美的资源，但是在互联网时代的快节奏之下，人们可能很难停下来，去关注周围正在发生的美好，好的审美能力则能够让你在繁忙中抽离出来，去感知更多美好的事物。当你不断地吸收关于美的讯息，并且运用到自己的服饰和日常生活中时，你会产生很多不一样的变化。比如，当你被邀请去参加某个时尚聚会，是选择用一个名牌包包来装点自己，还是选择一个别致、有韵味、有设计感的单品，这是两种完全不同的审美境界。

提升审美能力能够让你成为一个懂欣赏、懂选择和懂创造的人。

懂欣赏，指的是你能够开放所有的感官，捕捉这个世界美好事物的信息。你会开始留意到很多平凡的美好，比如，早晨窗外清新的空气、甜美的樱桃、掉落的金黄色银杏叶、低头赶路行色匆匆的路人、小区里玩滑板车的小女孩……曾经和你无关的场景和事物，都会陆陆续续跃入你的视野。懂欣赏还表现在能够读懂经典之美，建筑、艺术品、博物馆和奢侈品牌，都是传播和承载美的核心载体，但不懂欣赏的人，很难读懂它们。有时候，我会被客户问这样的问题："这个包这么贵，我看不懂它到底哪里好。""博物馆和美术馆太高深了，我不知道进去要看什么。""这个话剧看得我要睡着了。"每当遇到这样的客户，我都会建议他们先提升个人的审美能力，先学会欣赏，再去选择适合自己的美学活动。

懂选择，指的是在你的能力范围内去挑选最适合你的。选择的方法论覆盖生活的方方面面，小到挑选一件衣服，大到选择一份工作、一位终身伴侣。选择的能力与经济水平无关，而取决于认知水平。从经济学的角度来说，每个人都会选择保持升值的资产，而回到生活中，你首先应当清楚究竟哪些是增值类产品，才能知道如何选择。

我经常给客户分享一个观点——在经济学中，金钱的流向只有三个去处："投资"、"消费"或者"浪费"。而想要成为一个富人，你只需要做一件事：把金钱尽可能地多放在"投资"的格子里，合理"消费"，杜绝"浪费"。以买衣服为例，大部分人都认为衣服是大众消费品，买衣服是一种消费，我却不这么认为。假如你购买了一件价格1000元的衣服，而这件衣服并不适合你，使用的场合非常少，而且周围人都觉得你穿着并不好看，或者穿出门大家都觉得这件衣服是你花200元购买的，那你可能很快就不喜欢了。这1000元就投到了“浪费”的格子里。假如这件衣服是你比较常穿的风格，在日常的多数场合可以用到，周围人对它的评价是中规中矩，那么这1000元就是在“消费”的格子里。哪种情况属于“投资”呢？就是花1000元买一件能够点亮你气质的服饰，不突兀，不张扬，低调有品位，在很长时间内它都可以发挥价值，和你衣橱中的很多衣服都能混搭，在不同场合你穿着它都会很自信，周围的人会以为你是花3000元买的。在刚刚的例子中，1000元穿出200元的视感，那你在机会成本上亏损了800元，而将1000元穿出3000元的视感，多出的2000元就是你的审美溢价。当你在做任何选择的时候，都能通过提升审美能力做出溢价选择，在无形中让财富增值。

懂创造，指的是你可以在原有的框架上进行改造和创新。没有创造能力的人，习惯单一乏味、一成不变的生活模式。而懂得创造的人，会给生活源源不断地增添惊喜和乐趣。比如，乔布斯就是一位极富创造力的人，他所创造的苹果手机打破了人们对于键盘的依赖，兼具美感和功能，使人们享受到科技带来的美好。再比如当代知名艺术家徐冰老师，他是新英文书法的开创者，将中国古典的书法与西方的英文字母融合，每一件艺术作品都极富创新精神。我印象特别深刻的是他的展览作品《何处惹尘埃》，首展是在英国威尔士国家博物馆。徐冰将在美国“9·11”事件中收集到的残骸灰烬吹到展览中，经过 24 小时，在展厅地面上显示出六祖慧能的诗：“本来无一物，何处惹尘埃。”整个展厅被霜一样的灰白色粉尘覆盖着，充满宁静、肃穆之美，同时又给人一种很深的刺痛感，既紧张又脆弱，好像一阵轻轻的风都能够将它吹散。这就是创造的魅力——令你拓宽思考的边界，产生全新的认知。

除此之外，创造能力也能让日常生活更有温度。在 2020 年的新冠肺炎疫情防控期间，接连几个月的时间，大家被困在家中。这个特殊时期，对于每个家庭来说最重要的就是氛围的营造。假如你是一位懂得审美，也拥有创造力的人，我相信在宅家的这几个月里，你会让家中充满生趣。我的嫂子是一个特别会做美食的人，记得疫情防控期间，她几乎每天都给孩子变着花样做不同的早餐，还给我们准备精致的下午茶，一扫我们被疫情笼罩的阴霾。

我没有嫂子的好厨艺，但我也是一个喜欢在生活中发挥创造力的人。我会给女儿亲自动手做衣服。比起在店里买的衣服，自己动手做的衣服更有家的温度。我并没有高超的技法，只是依赖审美和创造能力。比如我在自己的衣橱里翻到一件闲置的白 T 恤，于是上网淘了一些"贴烫画"，用熨斗熨在白 T 恤上，就成了一件卡通款的童装，花费不到 10 元，耗时不到 5 分钟。别看手艺这么简单，女儿却爱不释手，用她的话来说，这件衣服是妈妈亲手做的，独一无二，充满了妈妈的味道。生活就是这样，需要我们花时间、花心思去装扮。这才是生活应有的模样。

TIPS 依霖的小贴士：如何提升审美能力

每天一小步，积累自己的审美素材库

假如你想在审美这件事上实现质的飞跃，可以为自己设定一个专属的审美提升素材库，不定期且持续地往里面添加素材。比如看一场展览，听一场音乐会，来一场寻找美的旅行……当你有意识地往素材库里增添内容，日积月累，就会看到自己的成长和变化。当你将审美能力的提升纳入你的日常规划里时，你就会发现美在生活中俯拾即是。许多“90后”的年轻人喜欢拍照和写手账。他们的手账本就是审美素材库，在不断地添加和累积的过程中，他们的审美能力也得到了提升。摄影爱好者的影集也是如此，养成记录的习惯可以很好地见证自己累积的过程，当然，即便没有记录下来，摄影的训练也已经在悄然改变着你的审美能力了。

向优秀的人学习，融入环境

向高手学习是提升审美品位极好的路径之一。人是特别容易被环境影响和同化的，假如你周围的朋友都是很在意衣着和形象的人，那么久而久之，你也会越来越重视这件事。比如在金融圈，大多数人习惯穿西装和职业套装，这种装束也渐渐成了这个圈子的规则，假如你穿着随意，很可能会感到不舒服和格格不入。反之，假如你周围的朋友都是比较休闲随意的着装，那你穿得太过隆重，也会感到别扭。根据过往我服务过企业客户的经验，一个重视审美品位的领导，他所带领的团队也会比较在意审美，而一个从不强调审美的重要性的领导，他的团队着装通常也会比较随意。

摆脱舒适圈，突破审美定式

假如你的生活总是保持固定的模式和千篇一律的习惯，那么你很难找到审美上的突破。打个比方，对于绝大多数人来说，一日三餐是例行公事，餐桌的意义也仅限于用餐而已。我在国外读书的时候，有一次一位西班牙的朋友邀请我去他家吃午餐，按照中国人的午餐习惯，我准时在12点前到达了，他惊讶地说："你这么早来？午餐下午3点钟才开始。"我才意识到，12点用午餐仅仅是中国人的思维方式和行为习惯而已。

但餐桌对于有些人来说，也不仅仅是果腹的地方。我认识的一位生活美学博主，把餐桌定义为社交场和美食游乐场。她布置的餐桌是我见过最富有生活气息和美感氛围的。她会使用一些精致的茶杯和碟子，装饰品除了简单的鲜花，更多的是餐桌上原本就有的食物，比如葡萄串、小蘑菇、山核桃、杏仁以及小南瓜，等等。她通过想象和创意将这些我们平时很熟悉的食材按照色彩和形状重新组合，真是奇妙极了。她告诉我，餐桌的布置和餐食都是需要根据社交的对象和人数来设定的，比如，当你和先生、公公、婆婆一起用餐，那餐桌上一定要有软一些的食物和汤，可以照顾到老人家的用餐习惯；假如你和闺密一起用餐，那餐桌上制造氛围的陈设就相当重要了。很多人会忽视独自一人用餐的时刻，一般就是随便着急地扒拉两口饭，应付了事，而一个人的餐桌其实是你最能够安静享受的时刻。如果你能够充分享受这个时刻，那一定是个有审美感受力的人。

TIPS

依霖小贴士：如何提升审美能力

他人与自我：穿出来的表达力

服饰从诞生之际，

就有它特定的使命。

服饰从诞生之际，就有它特定的使命。在原始人的时代，最初的服饰形态是树叶、兽皮，之后逐步演化。慢慢地，人们开始通过服饰区分身份，比如部落的首领会身着不同于其他人的服装或者装饰物，以显示自己的独特身份和权威。后来，君主和百姓的装束，贵族和平民的装束，也都有了面料、材质、款式的区分。18 世纪中叶的欧洲，衬裙式女装流行，好似回到了古希腊时代的披肩式着装。后来，宫廷贵族又盛行洛可可风格，贵族们在穿着上极尽妩媚细腻、纤弱柔和、奢华浪漫。再到 19 世纪，男装变得女性化，为了凸显身材，男士们开始穿紧身胸衣，佩戴领结、礼帽等。由此可见，服饰也体现了不同时代的美感变迁以及身份、阶层的区隔。

在中国古代亦是如此。龙袍特有的黄色，是皇帝专属的颜色，百姓是不允许使用的。很多朝代，也都依靠官袍的颜色和官袍上的图案花纹来区别官职品级。明代给每级官员都设计了一种动物图案作为标志，图案被绣在两块正方形的锦缎上，官员常服的前胸和后背各缀一块，用以区分身份。依据历史记载，考古学家就能够通过出土的服饰来判断古墓的年代。无论中西，从古至今，服饰的一项极其重要的使命就是区分阶层和身份。衣着潮流由皇室和贵族定义，是百姓心目中华贵的象征。

“二战”之后，更多的品牌开始打破阶层和身份的桎梏，进入大众视野。比如 20 世纪时尚界最重要的人物可可·香奈儿，她开创了现代主义的女装风格，崇尚简单的设计，既赋予了女性行动的自由，又不失温柔优雅。她的经典 2.55 手袋（见图 1-17）用细链条解放了女性拿包的双手，也影响了整个服饰界的审美态度。此后，东西方的服饰美学的潮流不再由皇室贵族主导，出现了去中心化趋

图 1–17

势，在各个圈层里，都有各自的审美意见领袖。

随着经济的发展，人们可选择的服饰种类也变得越来越多。20 世纪 80 年代，大部分人依然热衷于追求品牌，在经济尚不发达的时代，优质品牌相对稀缺且昂贵，在某种程度上，依然是身份和消费力的象征。如今，随着品牌的丰富和新国货的崛起，人们对于品牌的迷恋程度逐步下降，对于审美品位的要求越来越高，小众设计师品牌也层出不穷，服饰再也没有所谓的“刚需”，出现了“过剩”的趋势。大众也不再有统一的审美主张，而是呈现出个性化和多元化的特点。

在这样的时代趋势下，衣品的作用究竟是什么呢？我总结了不同人群对于衣品的两大需求：第一是“被看见”；第二是“凸显价值”。

给自己一个“被看见”的机会

衣品的第一重作用是让你“被看见”。简单来说，就是令周围的人能够关注到你的存在，并在意你的存在。以我自己为例：我从小就是一个性格非常内向的女生，中等个头，中等长相，很容易就淹没在人群里，没有什么辨识度。由于性格内向，在教室里，我也总是选择坐在角落的位置，几乎不会主动举手，也不和别人打招呼。但是，即便是像我这样一个害羞的女生，内心也还是渴望“被看见”的，于是，我找到一个最简单的方法，就是从穿着上给自己营造一个氛围场，这并不是说我开始打扮得大红大绿，而是开始探索适合自己且能够提升气场的着装。

我曾经听过一对大学生恋爱的故事。男生是一个很有才华且注重外表的人，女生是一个性格温和但不太在意着装打扮的人。在一次公开课上，女生戴了一顶帽子来到课堂，这引起了男生的注意，男生心里想：会戴帽子的女生一定是个讲究的女孩。女生也注意到了悄悄瞄她的男生。就是通过这么一来二去的对视，两个人互生好感，很快就进入了恋爱阶段，后来也步入了婚姻殿堂，生活幸福甜蜜。在这个故事里，旁人偶尔会听到男生甜蜜地抱怨：“恋爱之后才发现原来她并不是那么讲究外表的人，但是没办法啦，已成定局。”

借由这个例子来聊聊“被看见”的重要性。你是不是总感觉生活缺少一个机会，以及一双发现和关注你的眼睛，让你的优秀和美好“被看见”呢？你是否思考过，这种“被看见”其实是可以经由你的一个动作、一句话、一身衣服，甚至一顶帽子实现的，而这一次的“被看见”或许就能够给你创造出完全不同的人生经历？重视衣品和每一次“被看见”的机会，你会收获更多。

凸显自我：掌握社交密码

衣品的另一重作用是“凸显价值”。从服饰诞生起，它的重要使命之一就是凸显身份。身份的区隔感对于任何人来说都是具有价值的，它是非常简捷、高效的沟通方式之一。这也是很多商务人士重视着装的原因，它在无声地表明你身份的同时，也在传递你对待事物的严谨态度，比如手表和名片夹，都是商务人士常备的“道具”，它们不仅仅具有装饰功能，更重要的是会给别人传达一种信号："我是一个具有时间观念和商务意识的人。"再比如，时尚圈里的人见面时也有一条着装法则——身上至少要有一件代表当季流行元素的单品。这些不成文的法则也是社交圈的游戏规则，简化和促进了人与人之间的交往。同时，当你掌握了衣品的密码，并且能够聪明地释放服饰所传递的信号，你就能很自如地根据自己的意图来"凸显个人价值"。比如你希望能在现场表现得像个权威人士，那么着装上的正式感和色彩的力量感就能够帮到你；再比如，你想要在一个艺术品拍卖会上显示你是懂艺术的，那么就需要在身上佩戴和艺术相关的配饰。

除了释放信号、传递信号之外，熟悉衣品的你也能够通过他人的服饰信号捕捉相关的信息：他的性格、喜好，是否在意细节？是否严谨？是权威还是亲和？是活泼还是保守？这些无声的信息，能够帮助你在最短的时间里了解和解读他人。当你能够理解和读懂别人，同时也能管理好自己的时候，就一定能优先掌握社交密码。

2

修炼衣品，塑造新自我

美好的一天，从穿衣开始

穿衣这件事，

每个人都有绝对的自由选择权，

提升品位是其终极智慧。

衣品，顾名思义，就是穿衣的品位。许多人对于衣品有困扰，都会采取以下几种方式提升：或是翻阅、观看大量的时尚杂志、时尚影视剧、社交媒体上的博主穿搭；或是在实践中出真知，常年高频次地“买买买”，在不断更换服饰的过程中反复地试错和优化自己的品位；抑或在线上学习或浏览一些穿搭的课程或视频，找寻应对各种场合的穿搭技巧；还有一种是理性主义者，会寻求专业人士的帮助，他们倾向于找形象管理教练，进行一对一的咨询和指导，针对性地解决问题。

这就好比为了健康做运动，你既可以在小区里跑步，

图 2-1

也可以去健身房锻炼，当然，更有效的是找教练一对一辅导。你是否也尝试过其中的一种或者几种方法呢？

其实，选取以上任何一种方法，对于简单提升日常穿搭技巧来说都会产生或多或少的助力。但当你不仅想提升穿搭技巧，还想真正改变自己的着装品位或是气质的时候，难度就大大升级了。

在这一章里，我会拆解真正有助于提升衣品的核心要素。

品尝：
感受服饰与生命的关系

衣品，也就是“品尝”服饰的味道。这不仅要求你用身体去“品尝”，更要用心去感受。感受力是需要培养的，比如秋天看到一棵掉光树叶的大树，有的人感觉到的就是光秃秃的，没有任何美感可言，而有的人却能够品出一种萧瑟苍凉的美感。美学大师蒋勋曾经在他的书中提到，当你对于掉落在脚下的花瓣都有那一念的怜悯之心的时候，你就是一个拥有感受美的能力的人。

对于服饰，美的感受也是如此。有些人完全不重视着装，因为在他们的观念里，服饰仅仅是遮蔽身体的一种用具而已；而另一些人却能在服饰中体会到物品和生命的关系。

高级定制：对生命尊重的态度

几年前，我去意大利的米兰参观。据说米兰是世界上高级定制工坊最多的地方，在那里，我拜访了多位获得世界金奖的手工匠人。有的专业从事皮具定制，有的专业从事衬衫定制，也有的专业从事婚纱定制。

在米兰，我感受到了真正的高级定制精神。当你在一件物品上倾注了大量的时间和心血，这件物品便拥有了独特的气质和灵魂。米兰工坊的制作工艺超乎你的想象。在一家专门从事衬衫定制的工坊，匠人告诉我，他们制作一件衬衫的标准流程，除了精细化地帮助客户挑选面料以及量体裁衣之外，真正交付给客户的成品并不是一次性完成的。他们有个有意思的规矩。客户穿着这件衬衫回家后，需要至少穿三次，再洗三次，然后拿回工坊再重新修改一次，之后得到的，才是工坊真正交付完成的作品。

在另一家皮鞋定制工坊，老师傅告诉我，一双制作精良的皮鞋，使用寿命甚至可以长达人的一生。当一位客户想要定制一双皮鞋，老师傅会先帮他精细化地测量双脚的形状和尺寸。两周之后，老师傅制作出一双皮鞋给客户。等客户穿着这双皮鞋在外行走一个月后，老师傅会要求回收这双皮鞋，再根据皮鞋的摩擦程度和被撑出的不规则形状，重新做一双皮鞋，而这双皮鞋才是真正的成品。每次我和客户分享这种制作工艺，总有人的第一反应是，这双鞋一定很昂贵吧？其实在米兰，这样一双皮鞋的定价在人民币 6 000~30 000 元。

金钱上的昂贵从来都不是真正的昂贵。从一件物品到一件产品，再到一件作品，真正昂贵的是匠人倾注其中的时间、精力、无可复制的审美品位以及对客户的极致尊重。当然，在这期间，并不单单只有匠人付出，获得这件作品的客户也有付出，包括对价值的认同、对耗时的耐心、付报酬的慷慨。还记得从米兰回来之后，我遇到一位国内的高定设计师，我很兴奋地跟他交流在米兰的经历，他却略显无奈地对我说："并不是国内的手工艺做不到这么精细化的流程，问题在于客户没有耐心呀。在国内，有谁真正会为一件衣服、一双鞋，花上这么多的心思呢？而且绝不是消费不起，只是大部分人不会如此认真地等待一件衣服、一件物品。每次我提醒客户还需要修改第二遍的时候，他们总会说，就这样吧，差不多就行了，穿坏了再买新的就是了。"

由此可见，在任何一个商品市场上，唯有生产者和消费者能够达成某种价值共识的时候，流通才能真正发生。换句话说，是供需双方共同塑造着市场。

在米兰的时候，每次走访一个定制工作室，我都会问匠人们一个问题："在你眼中，什么是真正的高级定制？"他们的回答惊人地相似：真正的定制精神，不仅仅是量体裁衣。比如一双鞋，它的标准尺码是 38 码，但你的脚并不可能长成标准的尺码，所以当你穿上这双鞋时，你其实是在让身体去适应物品的形状。真正的定制精神，是让物品去适应你的身体，通过定制的作品，表达出物品对身体的尊重、对生命的尊重。

感受旧物中沉淀的内在气质

在我看来，“让物品尊重身体”的态度是一种高级的品位，而另一种高级的品位，就是“对旧物的欣赏”。在这个追求速度的时代，人们对于旧物似乎是没有眷恋的，当一个物品坏掉了，或者变旧了，几乎不会有人想着修好它，而是会马上换一个新的。但其实所有旧物，都是有经历和故事的，就好比博物馆里的作品，承载着时间和记忆，这是新品无法企及的。

在国外，一直很流行复古（vintage）珠宝，这种流传下来的珠宝，因时间的烙印而显得尤为珍贵。每件复古珠宝都是孤品，它不同于商品，代表着一种风格，一种怀旧的情结。

对于旧物的欣赏，有一件事令我记忆犹新。我的一位闺密，她和她的先生都是丹麦籍，他们在国外相遇相知。有一次，我们两家人一同去东南亚度假，恰逢他们十周年结婚纪念日，我问闺密的先生给太太准备了什么礼物，他笑着说："劳力士对表。"当时的我并没有察觉这个礼品有什么特别的新意，他紧接着又补充道："这对劳力士我找了很久，因为这是出产于我和我太太出生年份的一对手表。"不得不说，这是一位对太太很用心的先生，不仅用心，而且很有品位。

说起旧物之美，还有一位不得不提起的前辈。在上海，我认识了一位精通海派老旗袍的艺术家周老师，她不仅能够自己设计定制旗袍，还收藏了 400 多套海派老旗袍。所谓的海派旗袍，和传统的中式旗袍略有不同，大多款式经过了西式的略微改良，既保留了中式旗袍的经典特色，又有西方服饰的简洁时尚，体现着上海滩中西合璧的味道，承载着东西方融合的文化之美。这 400 多套旗袍的主人也都是当年上海滩的名门望族之后，其中不乏我们知道的公众人物，比如宋美龄、赵一荻等，她们可谓真正的名媛。我曾采访过周老师：“您接触过这么多的名媛，在您眼中真正的名媛是什么样的？”周老师说：“真正的名媛并不是以物质财富的多寡为标准衡量出来的，而是那些为社会发展真正做出过贡献、有社会价值的女性。同时，被称为名媛的女性也是真正有品位的一群人，她们经年累月沉淀下来的气质与品位，源于内在，难以超越。”

真正的品位：
内在文化与外在呈现的和谐统一

我们生活在一个快节奏和高焦虑的时代。我们父辈年轻的时候，没有互联网、手机这些通信设备，更没有抖音、小红书这样的社交媒体，那时的生活节奏简单而缓慢。当资讯极为稀缺和匮乏的时候，物品常常能给人们带来强烈的仪式感和充分的满足感。比如在我的童年时期，每逢过年，小朋友一定要备一件崭新的衣服，特地在大年三十穿，这就成了一种特定的仪式。如今的互联网时代，虽然充斥着海量丰富的资讯和选择，但人们反而少了类似的兴奋与期待。生活中的琐碎与交错堆积的焦虑情绪，令每个人步履匆匆，被推着往前，对于自己、对于生活，乃至每日必备的食物、服饰都缺乏认真准备的耐心。

穿衣这件事，每个人都有绝对的自由选择权，提升品位是其终极智慧。《论语》里有一句经典的话：“质胜文则野，文胜质则史，文质彬彬，然后君子。”“质胜文则野”的意思是，当一个人内在的“真性情”大大超过了他的外在修饰时，这个人呈现的状态就是“野”，也就是粗鲁、低俗的意思；而另一种相反的状态是“文胜质则史”，意思是，当一个人经过文华修饰后，其外表大大超越了内在性情时，这个人呈现的状态就是“史”，也就是假、装、虚伪和不真实。唯有“文质彬彬”，即外在修饰和内在性情相和谐、相统一的时候，这个人才真正具有“君子”和“大家”风范。这种状态就是真正的有品位。

为什么每天刷小红书，衣品还是没有提升

衣品的提升是一个系统化的过程。在清晰穿衣的底层逻辑之后，持续地积累和添加美学资讯，才是最有效的学习方法。社交媒体上的时尚博主提供的大多是美学资讯，而非系统的提升方案。我的一位客户曾经对我说："近三年来，我每天都坚持花 1 小时浏览小红书，但是为什么我始终觉得衣品没有提升呢？"另一位客户对我说："我每次观看博主直播都非常心动，跟着买了不少衣服，但是回到现实生活中，这些衣服似乎总也穿不上。"原因很简单，碎片化的资讯只能起到锦上添花的作用，它不能代替底层逻辑的学习，就像是学习盖房子一样，唯有在框架搭牢的基础上，再去添砖加瓦，才是有意义的。

提升衣品需要掌握的三个关键

要真正提升衣品，你需要掌握"是什么""怎么做""为

什么”这三个关键问题。先了解“为什么”，再学习“怎么做”，最后再寻找“是什么”（见图 2-2）。

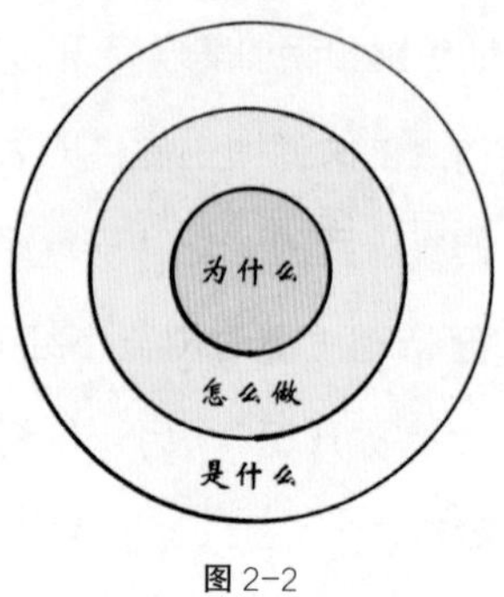

图 2-2

这里的“为什么”指的就是穿搭的底层逻辑，是规律性的原理，比如衣品提升的基础要素能拆解为哪些，应当用什么样的方式去组合；“怎么做”指的是穿搭技巧，比如一件衣服有多少种穿法，在某一个场合的着装规则有哪些；而“是什么”指的是依据挑选法则，具体选择哪些单品来表达自己。

修炼衣品的关键，是了解穿搭的底层逻辑

客观呈现决定一件衣服适不适合你，

角色需求决定了你这样穿着得不得体，

性格喜好决定了你喜不喜欢或者能不能接受。

从穿搭的底层逻辑开始，我们来拆解一下影响衣品的三个关键要素：客观呈现、角色需求以及性格喜好（见图2-3）。通过对这三个核心要素进行组合，你能够选出自己当下最佳的整体打造方案，也就是最佳的衣品呈现方案。

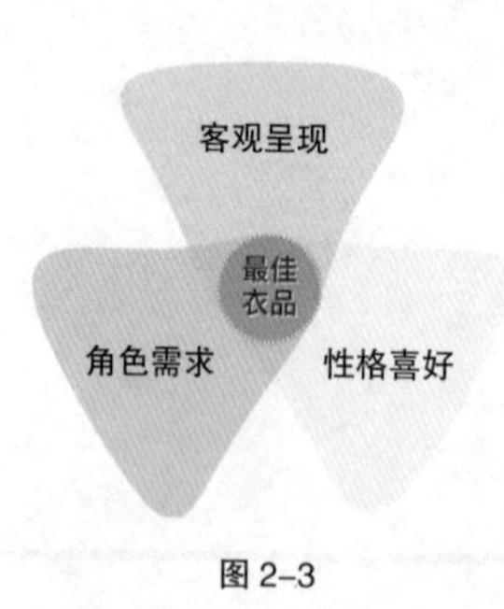

图 2-3

衣品必修课：客观呈现

第一个要素是客观呈现，也就是你原生的长相特质和身材特质。这些特质是先天的，一直跟随你且不能被改变，它们决定了一件衣服是否适合你。

根据统计的客户数据，我发现，绝大多数人认为自己衣品不好的原因是“不太在意穿衣”，或者“平时不够关注时尚资讯”。但实际上，这些仅仅是表面因素，深层的原因很可能是你根本不够了解自己的长相特点和身材优缺点，也就是说，在你有关穿衣打扮的认知范围内，存在“自我盲区”。

认知：
突破“自我盲区”，认识你自己

假如你对自己的长相、身材从未特别仔细地观察过，你就无法从容地从海量单品中挑选跟你最搭的衣装。常常有客户问我："我长得很胖，要怎么穿？"其实"长得很胖"并不一定是客观事实，一些明明看着很苗条的女性，也总是将"长得很胖"挂在嘴边，这种说法可能只是在反映某种心理诉求，潜台词是"我希望我更瘦一些"。因此，胖瘦是一个相对的概念，专业的形象管理教练不会简单地用个人喜好去判断胖瘦程度。

表达：
学会精准描述穿衣中的"病症"

你的"胖"是在哪个部位？是全身都胖，还是只有肚子大、大腿粗？只有当你清晰明确地阐述客观事实时，专业人士才能给你提供最有效的解决方案。这就好比你肚子不舒服，询问医生怎么办，而医生绝不会只根据"肚子不舒服"就开出药方，而是需要仔细地望闻问切，辅助检查报告，才能判断你的病症，然后对症下药。

对于大多数非专业人士来说，想要精准描述自己的

“病症”并不是一件容易的事。每次我做完分享，在之后的答疑环节，现场的观众都会提出很多只和他们自己有关的问题，比如：“我很胖要怎么办？”“我适合什么颜色？”不可否认，每个人都渴望改变，但这一类的问题我会统称为“假问题”，也就是不清晰、不客观或者不能被即时解决的问题。只有你对自己的认知更加清晰之后，才能够提出“真问题”，也就是一个可以被即时回复和当下解决的问题。比如对于“老师，我的大腿比较粗壮，要注意避免哪些裤型”这个问题，我就能够立刻给出有效的建议。

呈现：
找到你的优势，展现你独有的美

在客观呈现上，你也不能仅仅关注自己的缺点。在过往的从业经历中，我发现很多女性都存在不自信和矫枉过正的情况，她们总是围着我问很多如何“补短”的问题，比如“我的腰好粗怎么办”“我的肩膀好宽怎么办”“我的脖子好短怎么办”，几乎没有人关注自己的优点，很少有人问我：“我的锁骨好美要怎么展现？”在中国，女性以近乎严苛的审美标准要求自己，而这种发自内心的不自信会催生一种循环往复的信念感，令你不断地质疑自己。我的一位老师是心理学方面的教授，他告诉我，你每次照镜子时的起心动念，关注到的是自己的优点，还是自己的缺点，会在无形之中加深你的自信心或者自卑感。长此以往，经年累月，你会形成一个牢不可破的信念体系。

只是简单地知道自己哪里不足，这是远远不够的。在身型修饰和弥补的学科里，有一个关键词叫作“扬长避短”，也就是说，只有当你同时知道自己身型的“长处”和“短处”，才能有效地通过服饰、色彩、配饰等要素将他人的视线引导到你想要凸显的位置，令所有你想要展现的部位被看见，你不想展现的部位隐形。

总之，关注优点和关注缺点同样重要。每个人五官、身型的优势劣势都是客观存在的，任何一件服饰单品的选择都建立在你的客观长相和身型的基础之上。

衣品必修课：角色需求

第二个要素是角色需求。角色是由一个人的身份和目标场合共同决定的，比如职场新人和企业高层，二者在角色定位上的不同决定了其选择的服饰在正式程度上的不同。如果能精准把控角色定位，就意味着你具备了得体社交的重要能力。

避免“用力过猛”，让穿搭成为社交名片

角色定位不清晰，容易导致在着装上“用力过猛”或者“漫不经心”。角色是身份的彰显，更是人与人之间产生交往的基础。尤其在公众场合，懂得释放角色信号也是不成文的社交礼仪。在职场礼仪中，有一个经典的案例提问：“打电话的时候，谁先挂电话？”每当我在课堂上提出这个问题，大多数人的回答不外乎以下几种：“谁先打电话谁先挂电话”、“谁先接电话谁先挂电话”或者“对方

先挂电话”。其中，最高频次出现的是“对方先挂电话”这个答案，似乎在人们的常识里，只要对来电者客客气气，就是很好的礼仪表达。

但是，假定这个规则成立，甲公司和乙公司都按照“对方先挂”这个规则来培训他们的员工，那么就会出现一个有趣的情形：甲公司的员工等着乙公司的员工先挂电话，乙公司的员工等着甲公司的员工先挂电话，等来等去，到最后谁也不敢先挂电话，反而造成了彼此之间的尴尬。正确答案是：职位高的先挂电话。如果今天是甲方的老板给乙方的中层干部打电话，那符合礼仪的规则是甲方先挂电话；假如甲方是客户经理的角色，而乙方是客户，那么双方通话时自然是乙方先挂电话。在职场上，没有男女、长幼之分，只有职位级别之分。清晰的角色意识和规则感，能令许多事情变得更加容易操作。

而在绝大多数公众场合，在双方还没有机会自我介绍和表明自己的身份之前，着装就成了第一张角色名片。恰到好处的服装表达，既能帮你做一个很好的身份说明，也能让对方更加易于识别你的角色身份。

释放正确的身份视觉信号，得体表达自我

角色需求的完美拿捏和把控不仅是一个人内在修养的反映，同时也表达出行业的特殊信号。比如金融业和外资银行的着装，就和时尚设计界的着装完全不同；再比如，一些制服有特定的设计元素，能够凸显这个职业的特点。

我的一位闺密在消防系统工作，她出现的时候，穿的大多是军装，格外英姿飒爽、挺拔帅气。有一次我忍不住问她："是不是因为训练过军姿，所以你总是这么英姿挺拔？"她笑着把军装外套脱下来，示意我伸手摸一下衣服的肩膀和后背，我立马明白了，原来衣服里设计了一种硬挺材质的垫片，这个设计上的小小细节，令每一位穿着军装的人都显得格外挺拔，同时也赋予了这个角色充分的权威感。

商务人士惯常穿的定制西装亦是如此，在剪裁和面料上都颇有讲究。一位香港的老裁缝设计的男式商务西装，内里上下暗藏着八个口袋。老裁缝说，这么设计，是为了让商务男士将他们所需要存放的名片夹、车钥匙、钢笔、纸币等都存放在特定的位置，这样穿上这件西装的时候，

几乎不用携带另外的公文包，就可以将所有的物品轻松囊括。一旦主人习惯了物品的位置，伸手就可以在固定的位置取放，也避免了找东西时慌乱翻口袋的尴尬。假如把所有的物品放在同一个口袋里，容易显得鼓鼓囊囊，不够整洁体面，而均匀地放在各个口袋里，从外观上就能做到平整有序。只要拥有这样一件西装，在出席商务场合的时候，商务人士专业干练的角色信息就能够轻松地展现出来。

由此可见，通过恰当的视觉信号去表达角色需求，让他人能清晰读出你的身份特质，是通过衣着进行得体表达的关键。在重要场合，主角如果穿着过于朴素和不起眼，并不会被看作低调，而是容易让他人觉得你不够重视；而配角如果穿着过于高调和抢眼，也容易令他人误解你的意图。唯有把握好着装和角色需求之间的平衡，才是最得体的表达。

衣品必修课：性格喜好

第三个要素是性格喜好。穿衣除了需要遵循既有的规则，达成特定身份角色的需求，还要表达你的性格喜好。衣服是自我表达的媒介，一件衣服即便再适合你的外表，如果不符合你的性格喜好，你依然会觉得很别扭。

勇于突破“服饰舒适圈”

简单来说，性格喜好就是你喜不喜欢一件衣服。当你不喜欢它的时候，你很难将这件衣服的韵味和气质完美地呈现出来。而一个人很难马上喜欢一件和自己原本审美习惯或者穿着习惯截然不同的衣服。这种被性格喜好束缚住的选品标准，也就是你的“服饰舒适圈”。它因你数年如一日的职业要求或审美法则而生成，并且在你的生活中不断被强化，最终成了一种令你感到安全的表达方式。而这种表达方式，也恰恰是局限你在这一刻突破自己、提升衣品的主要原因之一。

大多数向我寻求形象提升方案的客户，都是认同我的审美品位的，也常常觉得我穿的衣服都很好看。几乎每次发完微博，都会有客户来索要某件单品的链接。可是，假如我要求对方穿上我的同款服装，就有一部分人开始觉得不适应了，她们往往会说：“你的气质好，你穿起来好看，我穿着就不合适，没有你那种感觉。”

在这类情况中，她们并不是外表上真的不合适，更多的是心理上的不适应感。假如你家中的衣橱里常年都是黑白灰这类没有色彩的衣服，那么有人送给你一件颜色鲜艳的衣服，你也会不自觉地出现排斥反应。假如你常年都习惯着装宽松，那么一条精致束身的连衣裙也会令你一时难以接受。

如果你渴望在形象上有所突破和改变，就得敢于接纳新事物，勇于尝试，只有这样，才能慢慢从自我的性格喜好中跳脱出来，找到真正适合自己的形象装扮方案。

分享两个小故事

在工作中，我曾服务过各种性格类型的客户。一位公务员客户，还记得刚开始为她改造形象的时候，我问她："你的形象改造目标是什么？对于自己未来的形象有什么期待？"她回答："我觉得自己的生活太过单调枯燥和一成不变了，我希望有所改变，有所突破。"

于是，第一次外出陪同购物的时候，我特意为她选择了几套和她以往风格不同但又非常适合她的造型。换上之后，我和店内的导购一致认为，比她原来的着装好看太多，她本人也很惊喜。但那天的最终购物结果是，她只选择了一双鞋，其他的物品一件都没买。当时的我有点失落。两周之后，这位客户又来找我陪购，她说身边有不少人夸她的鞋子很不错，于是第二次购物，她选择了一条半身裙。过了一两周，她又让我带她去买了上衣、外套和皮包。就这样，一轮又一轮，她身上的物品越换越多，形象也与之前形成了强烈的反差。

我的另一位客户是一个创业老板，她个性开朗活泼，对于新事物的接受度非常高。原先她家中全是黑白色系的服饰，几乎没有其他的色彩，而在充分认识到色彩的重要性之后，她立刻在微信朋友圈晒出了七彩的各色裤子，并且开始大胆地尝试各种没有尝试过的服饰元素。

以上两个案例，都说明了性格喜好对穿衣的影响。外向活泼的人通常接受改变的能力强，喜欢尝试和冒险；而内向严谨的人，通常需要循序渐进的改变，先给足内心安全感，才能最终在形象上有所突破。

总而言之，客观呈现、角色需求和性格喜好这三个要素综合决定了你的衣品：客观呈现决定一件衣服适不适合你，角色需求决定了你这样穿着得不得体，性格喜好决定了你喜不喜欢或者能不能接受。将三者拿捏好的人，才是真正拥有衣品的高手（见图 2-4）。

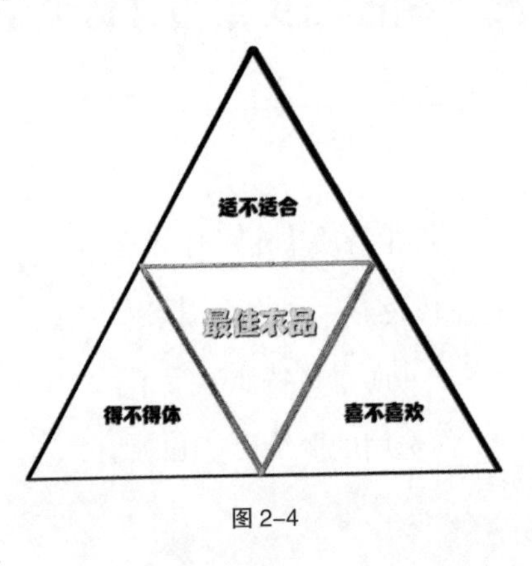

图 2–4

了解真实的自己，测一测你的长相和身材类型

长相特质决定了你穿衣的
主体色彩、风格、图案元素，
而身材特质决定了
你选用的服饰形状和版型。

判定一件衣服适不适合自己，需要你提取和判断两个关键信息：你的长相特质和身材特质。长相特质决定了你穿衣的主体色彩、风格、图案元素，而身材特质决定了你选用的服饰形状和版型。

五分钟快速了解自己的长相特质

关于长相特质，有五个核心要素，明度印象、分量印象、线性印象、醒目印象和质感印象。这五个要素综合构成了一个人的长相所形成的综合视觉印象。

明度印象：了解你的穿搭色彩库

先从明度印象开始说。它指的是色彩在视觉上所呈现的深浅、明暗的综合印象。高明度指的是色彩浅淡，低明度指的是色彩深重。以下的明度轴从左到右即是明度从高到低的排序（见图 2-5）。

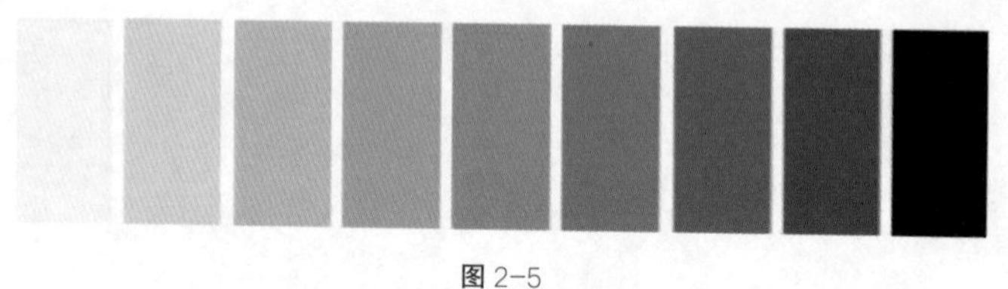

图 2–5

服饰的明度印象

一件服饰有明度的高低之分。高明度的服饰是浅色系的、轻盈的，而低明度的服饰是深色系的、成熟的、深重的。

皮肤的明度印象

同样，一个人的皮肤也有明度高低之分。如果你的皮肤很白，肤色偏浅，那么你的皮肤就是高明度的（见图 2-6 左图）；如果你的皮肤比较暗沉，比较黑，那么你的皮肤就是低明度的（见图 2-6 右图）。

图 2-6

不同皮肤明度印象的人的服饰选择

通常皮肤白皙的人，整体适合偏浅色调、偏明快的色彩，比如乳白色、浅蓝色、浅粉色、柠檬黄色、果绿色和马卡龙色系等；皮肤明度高的人如果穿一整套的深色调，比如全身黑色，那么整个人轻盈的神采就容易被深色调压制。而皮肤暗沉的人，在使用明度偏高的颜色时，容易显得老气、生硬，相反，他们适合用整体深一度、成熟一些的色彩，比如墨绿色、酒红色、咖啡色、藏蓝色等。

总结一下，皮肤明度偏高的人，适合整体明度偏高的服饰，但这并不意味着他（她）不能使用深色调，只要控制好面积比例，让整体的色调显得轻盈就没问题；皮肤明度偏低的人，适合整体明度偏低的服饰，同样这也并不意味着不能使用浅色系，只要控制在小比例，让整体色调显得大气饱满，就能很好地呈现皮肤的色调。

分量印象：

分解你的独特气质

第二个要素是分量印象，是指对于物品的大小、粗细、薄厚、轻重、宽窄等的综合印象。

物品的分量印象

大分量指的是大的、粗的、厚的、重的、宽的；小分量指的是小的、细的、薄的、轻的、窄的。比如下面三把椅子（见图 2-7），按照分量大小排序，从左到右就是小、中、大，最左边的椅子看起来轻盈小巧，最右边的椅子看起来厚重宽大。

图 2-7

服饰的分量印象

任何一件服饰都有分量印象的差别，一件大分量的服饰通常是长款的、材质厚重的，领面也比较大，整体给人成熟、大气、稳重的印象；而一件小分量的服饰则通常是修身的、短款的、材质轻薄的，领口或者领面也比较小，整体给人年轻、小巧、活泼可爱的印象。

人的五官的分量印象

同样，一个人的五官也有分量大小的差别。大分量的人，五官通常都比较大气饱满，看起来相对比较成熟和有存在感；而小分量的人，五官一般是小巧玲珑的，轻盈松散，显得年纪偏小，同时也有一种天真可爱的气质。

不同五官分量印象的人的服饰选择

大分量印象的人在选择服饰的时候，应注意选择分量中、大的服饰，因为太过小分量的服装，容易使人显得小气和拘谨，同时，如果服饰上有明显的花纹图案，也应当选择尺寸相对更大的（见图 2-8），才能跟五官相适配，如果用特别细碎的小图案，就容易显得人比较粗犷和村气。

而小分量印象的人恰好相反，应当选择款式修身、图案小巧的服饰（见图 2-9），过于厚重宽大的服饰如果穿在小分量印象的人身上，会有一种穿了长辈衣服的视感。我的五官也是偏小分量印象的，在进入形象管理这个专业领域之前，我曾经为了加强自己的气场，刻意选择了一件在衣服正中间有一个硕大的英文字母的服饰，后来朋友

图 2–8

图 2–9

告诉我："你知道吗？每次你穿这件衣服的时候，我的注意力只会停留在字母上，完全看不到你的存在了。"所以，选择和自己五官分量印象和谐映衬的服饰才是最佳的表达。

线性印象：
如何穿出线条感

第三个要素是线性印象。它指的是构成图形或者物体的外边缘线条感。

物品的线性印象

一种是直线性，指的是外边缘线条偏直线和平直，比如正方形、三角形，都属于直线性印象；另一种是弧线性，也就是外边缘的线条偏圆滑，有弧度感，比如椭圆形、圆形、波浪形，都属于弧线性印象。比如两大著名的奥运场馆鸟巢和水立方，通过外边缘线条我们不难判定，鸟巢属于弧线性，而水立方是四四方方的立方体，属于直线性（见图 2-10）。

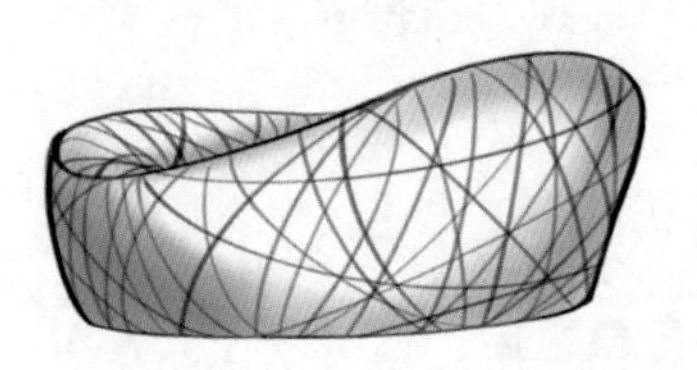

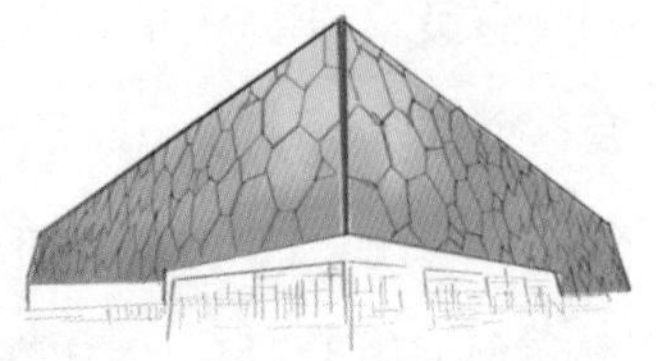

图 2–10

服饰的线性印象

服饰也有直线性和弧线性之分。一件直线性的衣服，会使人看上去更加利落、硬朗、帅气、犀利，比如西装；而一件弧线性的衣服，会使人看上去更加圆润、柔软、优雅甜美、性感迷人，比如蓬蓬裙。

人的五官亦是如此。比如有些女性长相帅气利落，带一点中性化的特质，这在当代是很时髦的，人们常常用“飒”来形容，通常这就是女性中的直线性长相；而有些女性特别温柔甜美，或者性感迷人，一般都是弧线性长相。假如你认为自己不是特别明显的温柔迷人类型，也不是特别明显的帅气飒爽类型，那么你有可能是中间型人。男性也是如此。虽然绝大多数男性的长相是硬朗直线的，眼神也是直接犀利的，但也有一部分男性的长相带有柔软和温和的特质——被称为“暖男”的人大多有这个特质。

不同五官线性印象的人的服饰选择

当你认识到自己的线性印象之后，就可以在大方向上遵循相应的印象特质。一个长相可爱的小女生，假如穿一身直线性的黑色硬挺的职业套装，通常会显得老气横秋，但这并不意味着可爱的女生只能穿娃娃裙，只要整体视感是柔和的，便可以在此基础上选取局部的直线来带出利落感，比如可以选择粉色或者米色的麻质西装，或者用柔软的真丝衬衫替代硬挺的白衬衫，这些小的改变可以让总体的视觉印象在适合自己的同时，又做出局部的调整。再比如，一个五官硬朗的女生，应当在保留自己的总体特质的基础上，选择局部柔美的元素来平衡五官的坚硬。若全身都是女人味的元素，必定会显得和五官格格不入。

醒目印象：

穿衣自信，独一无二的美

第四个要素是醒目印象。它取决于物体的比例是否均衡或特殊，以及色彩的艳丽程度、对比度等。

物品的醒目印象

高醒目度指的是具有特殊的比例和线条，色彩艳丽度很高，对比度也较强；而低醒目度指的是色彩柔和，对比度弱，同时均匀对称，没有特殊的比例。

比如以下几个搪瓷杯（见图 2-11），虽然形态一模一样，但若将它们放在一起，你一定会先看到左边的两个，

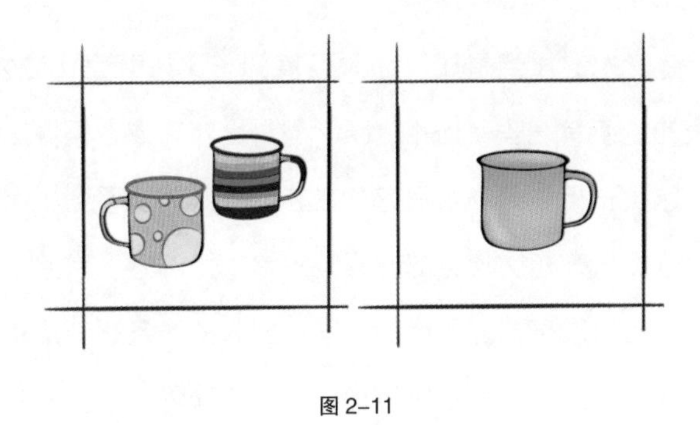

图 2-11

原因很简单：它们的色彩非常鲜艳，而且上面有很多动态的花纹，而右边的搪瓷杯色彩简单素净，相比之下你会发现左边这组醒目度更高，一下子就会跃入眼帘。

服饰的醒目印象

服饰也是如此，醒目度高的服饰，呈现的印象是个性化的、新颖的，而醒目度低的服饰，看起来更加传统、中庸，存在感相对比较低。比如一件基础款的衬衫，本来白色就没有冲击力，基础款式又显得简洁，这样的服饰醒目度就很低；而一条亮黄色的设计款牛仔裤，亮黄色已经很醒目，若再加上不对称水磨边的裤角设计以及有刺绣图案的口袋，这样的服饰就是醒目度极高的。

人的五官的醒目印象

有些人的长相是属于高醒目度的，比如五官比较大，眉眼的线条有一些飞扬和跳跃，眉骨比较高或者颧骨比较高，这类长相在人群中很有存在感，一眼就能看到，而且通常这类人在初次相见的时候容易给人距离感；而另一些人的长相是属于低醒目度的，通常眉眼的线条比较柔和细致，五官不是特别大且比较均匀对称，颧骨、下颌骨、眉骨都没有特别突出，这类人看上去比较温和斯文，亲和力较强，初次相见的时候容易给人亲近感，没有太强的攻击性。

不同五官醒目印象的人的服饰选择

在选择服饰的时候，本身长相醒目度很高的人，应当选择相对来说比较有设计感、个性化的服饰，不规则的设计通常也适合，比如有一些裙子的裙摆是前短后长、左短右长，或者肩膀处采用斜线剪裁设计等。这类服饰上的活跃元素能够与五官醒目度高的人的个性感相融合。相比之下，五官醒目度低的人驾驭这些活跃元素的能力就弱很多，过于有存在感的服饰，在五官醒目度低的人身上，往往得不到最好的效果，但是五官醒目度低的人反而能够将一些简单素雅的款式演绎得大方得体、温柔雅致。

独一无二的个体美

在帮客户做形象分析的时候，我经常会遇到很排斥自己风格和长相、羡慕他人视觉类型的客户。比如一个长相大气的人，羡慕别人的精致；而长相柔美的人，羡慕他人的明艳。假如你从内心深处无法接纳自己的长相，那么往往容易活得自卑。其实你无须被社会既定的审美观所绑架，每个人的美都是独一无二的。

举例来说，我有两个女儿。大女儿又黑又瘦，眼睛比较小，小女儿又白又胖，有一双大眼睛。平日里有人来家里做客，往往第一眼会注意到萌萌的小女儿，因为她的长相符合大众认知的“小美女”，大女儿就显得很失落。有一次，我单独跟大女儿谈心，我对她说：“你知道吗？在这个世界上，每个人都是独一无二的，上天很公平地给每一个人的长相同时安排了优点和缺点，要记得，是同时安排了优点和缺点哦。你能不能告诉妈妈，你和妹妹各自的优点和缺点是什么呢？”大女儿沉思了片刻，回答我：“妈妈，妹妹皮肤白，眼睛大，但是妹妹肉肉的，比较胖，腿也有点短；我呢，比她黑，眼睛也不大，但是我很苗条，而且我身材比例好，我有一双大长腿。”从那天开始，大女儿就不再为长相而不自信了，因为她开始理解，如果你总是盯着别人的优点一味地羡慕，反而会迷失最宝贵且独一无二的自己。

质感印象：
选择适合自己的面料材质

最后一个要素，质感印象。它取决于物体的材质、肌理感和光泽感。

物品的质感印象

粗糙材质的物品通常颗粒度比较高，表面也不那么平滑柔顺，而细腻材质的物品通常颗粒度比较低，表面比较平滑柔顺（见图 2-12）。比如从服饰的材质来看，亚麻材质就属于粗糙质感，而真丝材质就属于细腻质感。

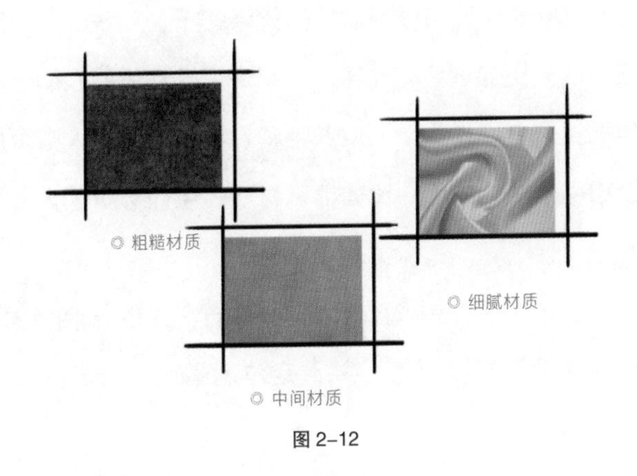

图 2–12

服饰的质感印象

粗糙质感的服饰呈现给人的更多的是亚光感，通常触感凹凸不平，视觉观感上比较自然素雅；而细腻质感的服饰呈现给人的更多的是抛光感，触感细致平滑，视觉观感上比较精致柔顺。

皮肤的质感印象

人的肤质也分为粗糙和细腻。有些人的皮肤毛孔比较小，肤质细腻，比如日本人，而有些人的皮肤毛孔比较粗大，看上去相对粗犷一些，肤质粗糙，比如欧美人。

不同皮肤质感印象的人的服饰选择

人的皮肤质地和服饰质地的关系在于，皮肤细腻、毛孔细小的人更加适合有光泽感、平滑柔顺材质的衣服，比如丝绸类或者雪纺类，而皮肤粗糙、毛孔粗大的人则更加适合粗糙材质的衣服，比如棉麻材质、牛仔材质等。

以上五个要素共同作用形成了一个人的长相特质，你可以由此分析及推断，并且定位出最适合自己的服饰特征。

五分钟快速了解自己的身材特质

接下来，我们就身材特质做一个分析。身型对于绝大多数的人来说，都是关注的重点。95% 的人表示对自己的身材体型感到非常困扰，而剩下 5% 的人，不是拥有完美的身材，而是拥有完美的心态。

测试身材比例，看看你是几头身

黄金比例

在身型学上，有两个概念，一个叫作“黄金比例”，即 1:1.618 这个数值比例，在设计上能够形成完美的视觉和谐感。有许多著名的建筑，比如埃菲尔铁塔和维纳斯女神的设计，都用到了黄金比例的视觉原理。

将这个黄金比例套用在人的身型上，只要一个人从头顶到肚脐的长度，和从肚脐到脚底的长度比值达到 1:1.618，那么我们就将这个人的身材定义为黄金比例，可以说是非常完美了。但在现实生活中，极少有人能够真正达到这个比值，只要达到 1:1.4，就很不错了。

头身示数

另一个概念叫作头身示数，也就是身高与头长的比值。有一个用来形容身材超好的美女的名词叫作“九头身美女”，套用的就是这个头身示数的概念。也就是说，当你的头长和你的身高的比值为 1:9 的时候，你就可以被称作“九头身”了。我在伦敦艺术大学学习形象管理的时候，班里有许多外国同学，老师公布了统计过的国际上不同区域人们的头身示数。欧美人的头身示数平均在 8~8.5 个头，而亚洲人的头身示数平均只有 7~7.5 个头，并且据统计显示，差的这一个头是在下半身，换句话说，绝大多数亚洲人下半身的长度比欧洲人短一个头的长度。这也是亚洲人极少看起来有完美身型的原因。因此，在国内做形象管理的时候，我会特别强调身型弥补的重要性。

一秒自测身材类型，拿捏身材优势

天生的好身型会令你在穿衣的时候减少很多烦恼，但假如你并不具备先天的身材优势，那么就应当加倍地重视身型穿搭的方法。常见的身材体型有X型、T型、H型、O型和A型（见图2-13）。通过这些字母的形态，你很快能读取并定位出自己的身型特质。

X型身材，指的是肩部与臀部宽窄近似，有明显的细腰，这种身型是比较标准的具有女性化特质的身型，在服饰穿搭上基本不需要进行特殊的身型弥补。

T型身材，带一些倒三角的身型特质，通常肩部、背部较宽，臀部较窄，肩比臀宽大，腰部以上比较结实。

H型身材的特质是三围缺乏曲线，尤其是腰部曲线不明显，外轮廓几乎是直上直下，腰部和臀部的尺寸相差很小。

O型身材三围圆润丰满，腰部和腹部都比较突出，臀围也比较宽，很多上了年纪的女士属于这种身型。

A 型身材的特质是，肩膀比臀部要窄小，腰部以下比较宽或者比较结实，也就是说，上窄下宽，下半身相对上半身比较粗壮。

你不妨先对照判断一下自己接近哪一种身材体型。

总之，在中和了长相和身型的要点之后，你就可以做出一件衣服适不适合你的基本判断了。

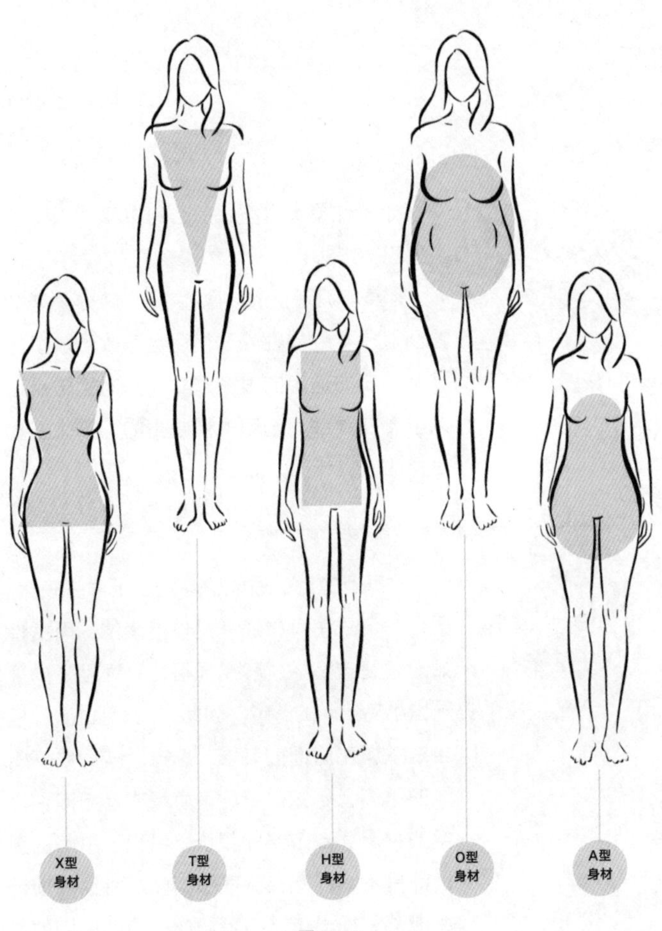

图 2–13

X身型
弥补方法

如果你是X身型，那么可以采取以下的身型弥补方法：

X身型几乎无须刻意弥补，这种身型能够凸显出女性的性感，很适合穿收腰放摆的裙装，比如迪奥的很多款式，同时视觉点可以强调在腰部，选用腰带之类的配饰来凸显身材的优势（见图2-14）。

T身型
弥补方法

T身型的人，最大的问题在于肩膀较宽。男性的倒三角身材通常是被推崇的，而女性如果肩膀过宽，就容易显得比较强壮，少了一些小鸟依人的感觉。因此，T身型的人，应当注意弱化肩部的装饰，选择一些肩线不明显的服饰，尽量避免穿有肩章或者泡泡袖之类的突出肩部效果的服饰。吊带、吊脖的服饰都是不错的选择，在颈部佩戴醒目的项链也能够将视觉点从肩膀两侧转移到中间的位置（见图2-15）。

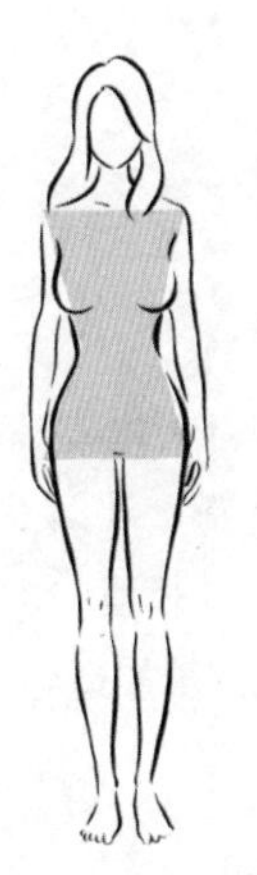

图 2-14

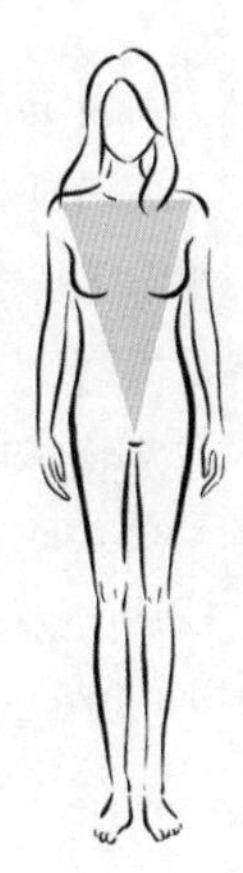

图 2-15

H身型
弥补方法

H 身型的人，因为曲线和腰身不明显，比较具有现代感，不适合用过于束腰的服饰，适合用直线版型的连衣裙。也就是说，线条简单的服饰更加适合 H 身型的人（见图 2-16）。

O身型
弥补方法

O 身型的人，弥补起来相对比较费劲，因为这种身型的人容易显得臃肿。茧型和廓形感的连衣裙最适合这种特质的人——尽量在服饰的前片减少分段，增加整体性和流畅性。同时，可在颈部以上设置一些装饰点，使人看起来更加高挑。此外，在服饰材质上也应注意选择一些适度硬挺的，这样更容易显瘦和显得有精神（见图 2-17）。

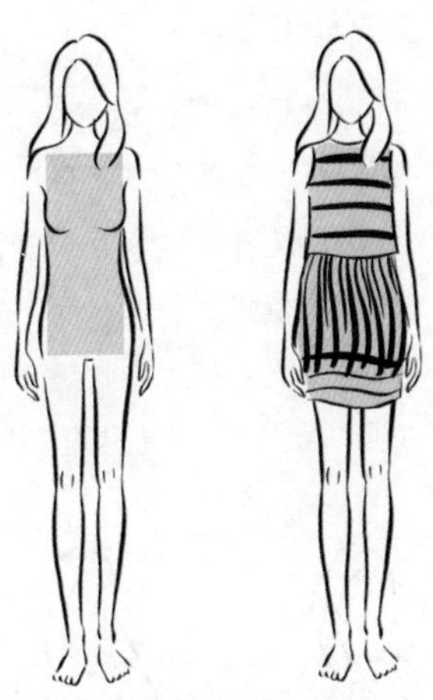

图 2–16

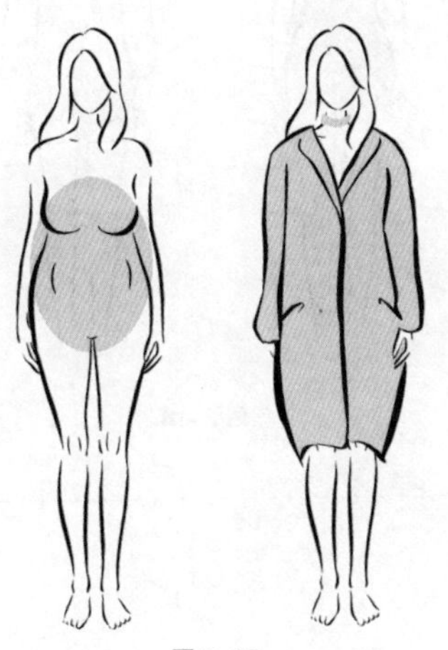

图 2–17

A身型弥补方法

A 身型的人和 T 身型的人相反，在穿着打扮上要注意拉宽肩线。可以多穿一字领、领口开口宽的，或者是泡泡袖设计的；上半身可以选择一些横条纹的设计，让上半身的视感显得膨胀一些，而下半身穿得简洁素净一些，使之看上去收缩一些，以此来让整体的视感达到和谐（见图 2-18）。

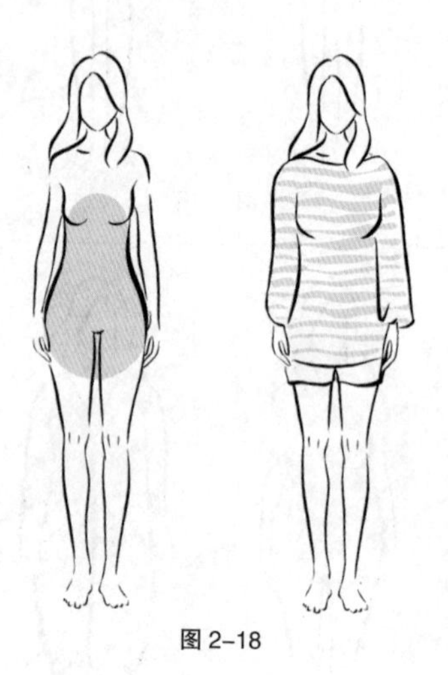

图 2–18

恰到好处的分寸感，最能满足你的角色需求

唯有在场合、行业、职位
这三个维度中不断找寻和精准定位自己，
你才能实现最得体的穿搭。

在判断一套着装得体与否的时候，你依然需要从场合、行业、职位这三个维度来做判断。

首先，从场合的区分来看，日常常见的场合有三大类：职业场合、社交场合、休闲场合。

出入职业场合的目标往往是工作，在职业场合中遇到的对象也都是合作伙伴，因此，在职业场合的形象打造中，应当重点围绕几个核心关键词：专业、干练、利落、可信赖。当你的着装能够体现以上品质的时候，从基本面上来看就是得体的。举个反面的例子，初出校园的女生常常会佩戴很多可爱的佩饰，这在职场上就是不够得体的表现。

社交场合的目标和对象则与职业场合有很大的区别。社交场合是指工作之余在公众场合和他人友好地进行社会交往或聚会的场合。在社交场合中交往的对象，有可能是你的同事、商务伙伴，也有可能是你的好朋友，还有可能是陌生人。在出入社交场合时，你的目标都包括拉近和他人的关系，或者是尽可能地扩大社交圈，结识新的朋友。因此，社交场合的形象应当围绕的核心关键词就不再是专业和干练，因为这会令你在社交场合显得特别拘谨和严肃，反而影响了社交的氛围感。处于社交场合，你的着装应当是既有松弛感，又有一定的表现力的，华丽、精致、个人魅力，都是在社交场合中应当体现的关键词。

了解场合需求，匹配你的穿搭

假如你是一个用心观察的人，就会发现，职场上的着装大部分是修身和挺括的，所有的物品，包括皮包在内，多半都材质精良，但是亚光感的居多，几乎不会出现过度华丽的面料和材质。而社交场合的着装则有许多是华丽和闪耀的，比如女士的社交晚礼服，大多隆重、性感。

以男性的西服为例，职场上的西服大多是平驳领的。这种平直和规矩的线条更显严谨和职业化，而在社交场合中，西服大多是青果领和戗驳领的（见图 2-19），这种柔和或者尖锐的线条，显得个性十足，在社交场合更能凸显个人魅力。在许多社交场合上，男士西装的领面都采用了缎面或者绒面材质，这也是为了凸显华丽感和隆重感。

职场和社交场合的表达方式完全不同。职场上的状态更加严谨和收敛，因为职场上拼的是能力和专业。在职场中刻意运用性别优势是极不专业的表现。而在社交场合，你需要更加开放和有趣。社交场合的个人魅力表达尤为重要——你是否拥有很丰富的社交谈资和很生动的沟通方式，会决定你在社交场合的人脉构建是否顺利。有一些在职场上非常专业的人士，一切换到社交场合，就显得格格不入和过度保守了。社交场合通常有明确的着装规范，用

◎ 青果领

◎ 戗驳领

图 2–19

以保证所有出入这个场合的人在着装上都能够尊重社交的氛围感。因此，如果一位女性穿着白天上班时的商务套装出席晚上的社交酒会，就会显得格格不入，似乎对这个场合不够重视。

场合需求的“临时抱佛脚”

在我服务的客户里，有很多是商业人士，虽然他们的衣橱里并不缺乏职业套装和适合商务场合的皮包皮鞋，但是对于社交类的单品，许多人并没有概念。他们会在出席特别重要的社交场合之前，找到形象管理师临时抱佛脚。

我时常接到这样的订单，久而久之，也有了一些经验累积，我发现，临时抱佛脚有两个很难解决的问题。

第一，当你的身材并不符合标准身材的时候，量身定制的礼服才能更好地衬托你，而定制礼服需要一定的时间周期，假如时间来不及，退而求其次地选择成衣礼服，那么效果会明显地大打折扣。当然，如果你对于自己的身材非常有信心，那么，成衣礼服也能过关。

第二，最难临时抱佛脚的社交单品是晚宴包。晚宴包这个单品，假如不是经常出入社交酒会和宴会的商务人士，衣橱里通常不会有，因为平时的利用率没有那么高。但在有些重要的社交场合，晚宴包就是用来画龙点睛、显示出主人的独特品位的（见图 2-20）。

一个有设计感和惊喜感的晚宴包，往往比礼服还能够展现主人的搭配品位，但这样的晚宴包很难临时觅得，需要提前备好。我常常建议我的客户，即便很少出席社交场合，也需要准备一个精致的晚宴手包，以备不时之需。有

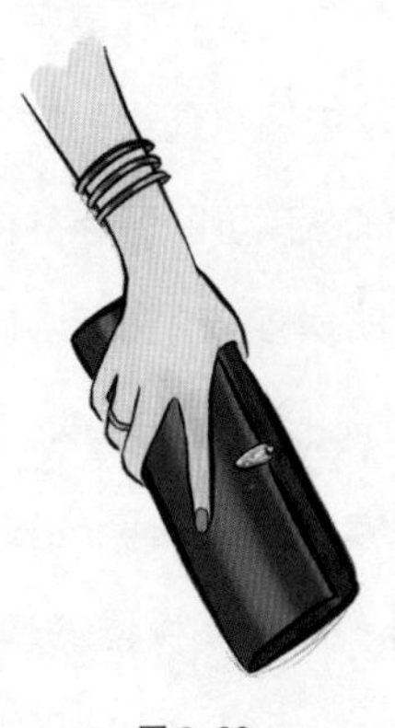

图 2–20

一些特别的晚宴包款式，比如刺绣或者限量款，可能在国外旅行才能遇到。如果你遇到了，那么千万不要错过，买一个备着。哪怕它的使用概率并不高，但比起在重要的亮相时刻因临时找不到称心如意的配搭单品而尴尬和懊悔，这笔投资还是相当值得的。

我本科的专业是经济学，因此我常常给客户提供衣橱投资配比的建议。我经常被客户问到的一个问题是："一线品牌的一个包好几万，一双高跟鞋大几千，真的值吗？"我用简单的投资逻辑来解释这个问题：从拉长时间线的角度来看，越好的东西越不容易贬值。一个爱马仕的包有可能传承给你的下一代；一双名牌高跟鞋，你不会天天穿着它出门，只是在一年中偶尔几次的重要场合里穿几小时而已，这样的一双鞋你也有可能保存并使用很多年。

而从实用主义的角度来说，我建议你给衣橱做一个投资分类——易耗损的物品占70%，它们的性价比高，更换频率快；高价值的物品则至少占30%，价值投资是经济学的不变法则，这些高品质的单品会助你在关键时刻表达出自己的气场和自信，换回更大的人脉价值和经济价值。

休闲场合

除了职业场合和社交场合之外，还有一个常见的场合是休闲场合，在这个场合里，你可以完全放松地做自己，和家人朋友一起逛街、看电影、度假，进行各种休闲娱乐活动。休闲场合是所有的场合里最没有明确的服饰要求的，如果一定要有个界定，那就是保证着装放松。在休闲场合里依然端着或者紧绷着，并不是最好的状态。你可以尽可能地运用宽松一些的版型和棉麻之类的自然材质，让身体舒适地展现美感，保持放松的状态。

职场通勤指南，了解这三种职场需求

其次，从行业的角度来说，不同行业对于服装的要求是不同的，你应当先了解你所在的行业属于哪一种职场类型，再去对应地寻找自己的职场类型适合的正式程度的着装。

从行业的划分来看，主要有三种类型：严肃职场、时尚职场和一般职场，每一类职场都有各自的着装规则。比如严肃职场（公安部门、司法部门、外资投行等都属于严肃职场）的工作需要的是理性、严谨和权威，因此对于服饰着装和礼仪有非常严格的规定，绝大多数有自己规定的制服。在一些商务场合，即便不穿着制服，也要求遵照国际标准的完整西装穿法——对男士来说，西服、衬衫、领带、皮带、皮鞋、公文包，缺一不可；对女士来说，西服、套裙和衬衫，几乎不能够随意搭配，也不能拆分开来穿。

需要明确的是，在所有职场的角色中，你代表的不是你自己，而是你的职务角色或者商务角色，因此所有凸显个人喜好的部分都不适合过多地出现。

下面我们将一一分析适合每种职场类型的着装。

严肃职场

严肃职场是所有行业中正式度和严肃度要求最高的，会细化地规定穿戴上的所有要求。比如，在银行系统工作的新人一入职便会得到一本员工手册，手册里详细地规定了制服的穿法，细化到工牌应当佩戴在左胸与第几颗纽扣齐平的地方，衬衫的下摆一定要掖到下装里面等。

服饰会对身体产生暗示。比如小朋友，当你给她穿上仙女裙的时候，她会觉得自己像是公主，连言行举止都不自觉变得优雅起来。而一个行为粗鲁的成年男子，你给他换上全套高级西服之后，他也会渐渐变得绅士起来。服饰对身体的暗示会令你感受到自己不同于他人的身份特质。在一个标准的严肃职场上，全套严谨专业的制服或商务着装就在暗示此刻的你已经进入了一种商务角色，你的一言一行，代表的不仅仅是你自己，更是这一份商务责任。

国际学校的服饰要求

国际学校通常对于服饰礼仪的要求非常高，还记得我第一次收到大女儿学校的校服时，极度惊讶。满满一大旅行袋的衣服，接近 30 件，包括了春夏秋冬四季的各类穿着用品，外套、裙子、袜子、毛背心、衬衫、运动服、游泳衣，等等，基本包罗了所有的场合需要用到的着装，同时还附赠了一本专门的校服手册，告诉家长，这些服装应当如何使用以及使用时要注意的细节。

在加拿大读书的时候，我也曾在一家私立中学实习过。

为了统一标准，学校统一配备每个人的笔记本电脑，型号尺寸都完全统一；加拿大的天气很冷，冬天气温低于零下10 摄氏度，这所学校连羽绒服都是统一配发给学生。这样就避免了个性的发挥。一走进他们的教室，你就能看见整整齐齐的、统一的用具和着装。

在研究审美养成这个课题时，我发现有很多人从儿童时代开始就没有得到正确的审美引导。或者说，由于所处时代环境审美资源的限制，大部分小学生的校服都是男女同款的运动服，色彩、材质、设计等方面都不够讲究，不分场合，只是薄款一套、厚款一套，久而久之，孩子们对于性别的差异、身材体型的差异、场合的差异都毫无概念，慢慢地，在形象上就会越来越找不到自信。

企业的服饰要求

在企业里，服装是最容易统一的文化。许多企业的老总希望他们的公司看上去井井有条，员工穿搭得体，但改变个人品位需要时间周期。我参观过很多互联网公司，有些工作人员穿着非常随意，但有一家互联网公司非常聪明，他们每年给员工设计并派发时尚潮流的文化衫和不同颜色的长袖

T恤、棉服、羽绒服等，就好像国际学校的制服一般。这样不仅让员工感受到公司的文化和福利，也无形中解决了因服装不统一而造成的公司整体形象问题，同时，当员工穿着公司的文化衫外出时，也无意中成为一种企业文化宣传。

时尚职场

另一类行业被归纳为时尚职场，比如娱乐业、影视业、服装设计行业、艺术行业等，都属于时尚职场。这些行业绝大多数是以创意为本的行业，如果像严肃职场一样穿着严谨理性的服饰，则容易影响他们创造力的发挥，因此，时尚行业的着装有个性、自由的部分，但是依然应选择一些精致材质和利落剪裁的单品，用以体现职场的气质，比如一些特殊剪裁的衬衫、不规则的半身裙、时髦的阔腿裤或者廓形感的西装等，都是很不错的选择。

一般职场

最后一类行业叫作一般职场，指的是除了严肃职场和时尚职场之外的企事业单位，比如大学、国有企业等，这类职场通常没有统一的制服，也不需要过多地展现时尚和创意，只要表达出专业、可信赖的职场气质即可，因此不需要过度地穿戴全套的西装。我比较建议的穿搭法则叫作拆分穿搭，也就是一件半休闲单品和一件职场单品搭配的方式。比如女士的穿搭，可以用衬衫裙加上针织外衣，显得柔和知性；男士则可以用polo衫搭配布裤，表现出职业感。

定位出行业的主体氛围感，据此选择适合的穿搭方案，能更好地表达你所在的行业气质。

不同职位的职场衣品修炼秘籍

最后，在得体表达中，还有一个重点，就是你的职位身份的高低。不同层级的职位需要展现出不同的气质，假如你是一位职场新人，那么适合你的表达是真诚、专业、谦和、积极上进，因此着装在款式和材质上无须刻意凸显自己的存在感，颜色上不妨选择柔和一些的。

随着在职场上阅历增加和职位提升，在色彩上的选择可以适当加深一些，显得更为成熟和大气，更有职业感和专业范儿，款式上也可以选择更加有力量感一些的，比如风衣外套、高腰西装裤等气场更强的单品。

假如你已经到了职场金字塔的顶端，那么你在服饰上的表达已经不仅仅是款式上的权威感和正式度，更需要注意的是品质感的把控，因为这个职位的人通常自带的气场已经很强了，无须再用过多的气场单品来给自身增强气势。但到了这个职位之后，社交和相处的人脉圈层也都是同样的思维见识度，比起增强气场，更重要的是品质感的提升，或者说品位的提升，比如在一些服饰的材质、细节和商务配饰（手表、皮带等）的选择上，就要花更多心思。

总之，唯有在场合、行业、职位这三个维度中不断找寻和精准定位自己，你才能实现最得体的穿搭。

图 2-21

所谓穿衣自由，就是穿喜欢的衣服

即便一件衣服适合你的长相和身材，

也适合你的角色表达，

如果你内心对它十分抗拒，

那也很难有出彩的表达。

除了适不适合、得不得体外，还有一个影响穿搭的关键因素，就是喜不喜欢。也就是说，即便一件衣服适合你的长相和身材，也适合你的角色表达，如果你内心对它十分抗拒，那也很难有出彩的表达。

喜不喜欢更多涉及内在心理和情绪因素，这并不是无关紧要的因素。通常来说，影响一个人喜不喜欢一件事物的要素有两点，一是性格特质，二是生活习惯。

内向，还是外向？找准自己的风格

先从性格特质开始说。性格特质通常有外向和内向之分，而影响到穿衣层面，二者有肉眼可见的差别。

外向性格的穿衣色彩

有些人的穿衣风格趋向外放和张扬，比如他们喜欢用艳丽的色彩、夸张的图纹、一眼就能被看见的款式，绝大多数这类穿衣状态的人都属于外向型特质，他们享受被看见、被关注和在人群中耀眼的感觉，当然也有极少一部分内向但是渴望被看见的人，也会用夸张的表达来追求自我的存在感。

内向性格的穿衣色彩

而绝大多数内向型的人，他们的心理特质和外向型的人是相反的，他们会倾向于保守和严谨的穿搭风格，使用柔和低调的色彩、不显眼的图纹、简单的设计，这样的着装风格能给内向型人更多的安全感和舒适感，让他们在人群中不容易一下子被注意到。

在色彩学中，艳丽的红色是波长最长的颜色，也是最容易被注意到的颜色，我想每个人都有这样的认知——如果你想在集体照中被看见，穿着大红色，你就是最醒目的那个人，如果你不想被注意到，那么灰色就是最安全的保护色。

色彩可以疗愈情绪

色彩学也常用于一些情绪的治疗。假如你的孩子性格孤僻或者少言寡语，那么你就不能总是给他选择黑色或者灰色的服饰，因为这类颜色会让他更加内向和沉默，你需要多给他增添一些亮丽的色彩，比如明黄色、橙色，这类色彩能给人积极有能量的心理暗示，让原本内向自卑的孩子拥有更多快乐的心理能量，同时也能让他在人群中有更多展示和表达的机会；假如你的孩子过于活泼，有一些多动的倾向，那么你再持续给他穿红色这类的色彩，就很容易让他更加狂躁和情绪激动，而比较恰当的做法是，选择给他穿冷静和安静色调的衣服（比如蓝色、绿色、紫色这类冷色调），能够适度地收敛他的情绪。

了解生活习惯与穿搭风格之间的联系

除了性格特质之外，生活习惯也会影响一个人的穿衣风格。

生活严谨的人

在生活中非常严谨、规则感很强的人，在穿衣上也很有可能是一丝不苟、极为注意细节的。比如从事了几十年财务工作的人，在穿衣风格上是偏向严谨、对称和均衡的，着装的色彩排布比较规律，很少用到潮流个性化的元素，他们更多地会在服饰的整洁度、平整度上下功夫。

生活随性的人

假如你在生活中是一个非常随性的人，比如是从事创意型工作的艺术家或者作家，在家居的布置上也充满了创意，色彩活跃，视觉元素丰富，那么你在服饰的表达上也会比普通人更具有想象力和思维延展性。

了解到上述的规律后，我们就可以通过读取一个人的服饰信号大致推断他的性格特质和职业身份。

3

九年美学经验，手把手教你重塑衣品

花最少的钱，用最短的时间，塑造全新的衣品

作为一名形象管理教练，

我的工作内容就是提供专业分析、

辅导和陪伴真正有需求的客户，

帮助他们从“自我盲区”和“服饰舒适圈”走出来，

花最少的费用，用最短的时间，

创造最好的自我表达和形象资产。

我的职业总能引发许多人的好奇心。因为接触得少，形象管理教练这个职业显得格外神秘。创业早期，媒体来采访我的时候，大多喜欢用一些吸睛的标题，比如“陪人逛街也能月入过万”“形象顾问成为热门新兴职业”，等等，因此我常常被问：“真的有人会花这么多钱来改造形象吗？为什么不直接去买衣服呢？”所有的这些疑问都证明了一件事：外界对于这个行业的认知确实非常匮乏。早期开始工作的时候，我最大的难点，就是先让客户们理解什么是形象管理，因为在传统的消费观念里，对于“为专业人士支付咨询和服务费用”，很多人都接受不了。那时的我，常常被朋友要求“依霖，你随便帮我选选衣服吧”或是“依霖，你逛街的时候顺便喊上我就行了”。其实，从事培训行业越久，我越发现，所谓的“免费”是没有办法真的生产效用的。因为在免费的服务里，用户和店家都没有办法量化彼此的价值，也没有办法形成有效的契约约束，产生的结果往往不尽如人意。但是对于真正付费的服务，用户和店家各自心里都有一杆秤，抱着“必须值回票价”的想法，能够使服务有效落地和产生价值。

作为一名形象管理教练，我的工作内容就是提供专业分析、辅导和陪伴真正有需求的客户，帮助他们从“自我盲区”和“服饰舒适圈”走出来，花最少的费用，用最短的时间，创造最好的自我表达和形象资产。形象资产这个词，来自经济学中的无形资产概念。资产分为有形资产和无形资产。有形资产指的是车子、房子等，而无形资产指的是专利、著作等，人脉、形象也属于无形资产，虽然它们看不见摸不着，但依然能够帮你创造未来的商业价值。在长达 8 年的形象管理教练的工作中，

图 3–1

我遇到了许许多多寻求衣品提升的客户。我帮助他们通过“衣品”这个工具来达到自信力、得体力和个人形象力的提升。这些经历令我一次又一次地感受到衣品对于一个人的外在状态、生活方式乃至精神世界塑造的重要性。

在这一章节里，我将从衣品的五大类型（安全感、凸显自我、得体社交、品位情趣和内在极致主义）出发，选取分别代表这五大类型的典型案例，拆解和分析我如何帮助他们一步步地实现衣品的跃迁。

安全感：打破现状，提升衣品，也是改变生活

从现在开始，你就可以和过去的自己做一个告别了。

安全感类型的人在人群中不在少数。很少关注形象或者衣品的人，大多属于安全感类型。但是在我的客户里，真正属于安全感类型的人并不算太多。大多数安全感类型的人性格内向，在人群中，他们是跟随者和协同者，其中许多人都抗拒改变自己的生活现状，更愿意寻求低调而不被注意的生活方式。在社会角色里，安全感类型的人很少去争取或者扮演一些重要角色。以上这些特质使安全感类型的人没有太多的动力去主动打破舒适圈，做出一些巨大的自我改变。常常是一些外部因素，比如工作中上司的要求、男女朋友的期望或者是随角色改变而出现的不安全感等，迫使他们改变。

安全感类型的人不太关注自己的形象。他们有一些共通的表象特征，比如气场比较弱，在人群中没有存在感，身上的衣服看着有点廉价，其中小部分带着一种土气和村气。困扰他们的三大类问题是：第一，为什么网上的搭配都很好看，搬到自己身上就怎么也不好看呢？第二，为什么买的新衣服总像原来的衣服，很难穿出惊艳的效果，到底怎么穿才不土呢？第三，怎么才能增强自身的存在感，在人群中被注意到呢？

从整理衣橱开始“断舍离”，丢掉不适合你的衣服

椰子是一个长相清秀的女孩，瘦弱的身体里有一个温柔的灵魂。第一次见到椰子的时候，我并不觉得她是一个会投入费用来做自我升级的女孩，还记得她怯生生地问我：“整体形象梳理真的有用吗？”我问她：“你平时是怎

么提升自己的形象的呢？”椰子回答：“我对自己的形象的确没有什么信心，我总觉得自己是一个不懂审美的人，似乎美好的事物总是和我无缘，有时候，我会向身边审美好的朋友学习，看看她们在哪里买衣服。其实我也想成为一个拥有审美能力、懂得如何挑选漂亮衣服的人。”就这样，椰子成了我的客户。

椰子有一个习惯，喜欢保存衣物很多年，在她的衣橱里，我甚至看到了小学时代的衣服。她的衣橱拥挤不堪。凭借经验，我几乎可以确定，她很难准确地找出她想要的衣服。这一点，对于形象意识缺乏的人来说，常常是个困扰，他们会不断地重复、高频次地购置衣物，到最后，自己也记不得衣橱里到底有哪些衣服。每当找不到可以搭配的衣服时，就再去购买，如此循环往复，假如主人还是个舍不得丢弃陈年旧衣的人，就大大加重了衣橱的负担。高效衣橱的概念，是我非常推崇的：衣服少一点、精一点，保持恒定的数量，不定期地置换和更新。第一次为椰子做衣橱管理时，我从她家的衣橱里整理出整整 5 大包、100 多件需要淘汰的服饰。

没有淘汰衣物习惯的椰子，显然对此不太适应。她不安地问我：“淘汰这么多衣服啊？那我不是又要重新再买很多吗？不然我不就完全没有衣服穿了吗？”我告诉她：“所有不适合的东西，都不应该留在你的衣橱里。好多人之所以很难为自己做日常搭配，就是因为衣橱里的服饰几乎都是错的、不适合的。你想一想，在一堆完全不适合你的衣服里，怎么能做出正确而美好的搭配呢？如果你想要打破现状，首先需要做的，就是为你之前的错误买单。如果真的心疼花费在这些衣服上的金钱，那你就要从今天开始，更加努力地督促自己养成良好的审美意识，未来不要再重蹈覆辙，购买完全不适合你的衣服。从现在开始，你就可以和过去的自己做一个告别了。”椰子是一个好学生，哪怕当下心里还是有一些舍不得，但渴望改变的心让她决定听取我的建议，淘汰所有不适合她的衣服。

通过分析椰子的衣橱，我很快觉察到她日常购物的问题。她的衣橱里 80% 以上的衣服价格都不高，但是数量惊人，其实算下来，这些衣服的花费也不少，但是真正高品质、高价的单品并不多。许多年轻女生都是这样，抱着

“走过路过，不要错过”的心态购买衣服，不知不觉，衣橱里就堆积如山了。但低价单品很难搭配出非常惊艳的效果。也曾有很多年轻的女性客户问我：“老师，我总是在小红书上看到许多博主玩转优衣库穿搭，既划算又好看，为什么我在这些平价品牌里就总也搭配不出好看的服饰呢？”原因其实很简单。在衣服上花最少的钱的人，要么就是本身的形象气质极佳，要么就是对于面料、色彩、版型极其熟悉，因此即便在最大众的品牌中去挑选，也能火眼金睛，一下子找到平价单品中的宝藏。但对于普通女生来说，气质并不出众，衣服拿捏也不精准，这个境界就很难一下子达到。假如你的预算并不高，那么我建议你一定要用多件的预算来购买一件单品，比如，如果你想买5件100元的衣服，那我建议你买一件500元或者两件250元的衣服——既不增加总的预算，又能通过减少数量来控制品质，这才是最聪明的做法。

或许你会好奇，椰子的衣橱被我淘汰了100多件衣服之后，是不是需要重新再去采购才能做搭配了呢？其实并不是。当天我就开始在剩下的衣服里为椰子做搭配。椰子的衣服单品很多，但是平常的搭配依然很单调，原因很简单：大多数人的搭配方法都是二分，即上装一件、下装一件，或者内搭一件、外套一件。当天我给椰子就她的身型提了一个建议，因为她特别瘦弱，所以二分的搭法对她来说，显得单薄且乏味，假如换成三分的搭配，效果就完全不同了。我为她现场做了示范，最里面一层是T恤，外面一层用衬衫，再外面一层用夹克。或者最里面用高领内搭，外面一层用衬衫，再外面一层用羊毛外套……连续几套下来，椰子开心极了，她说："太神奇了，都是我自己衣橱里的衣服，我每天都看着它们，还是总觉得衣服不够。没想到经过色彩组合和这样的叠穿，能够有这么多变化的效果。而且不需要添置新衣，就够我穿一两个月了。"确实如此，衣服不在于多，而在于擅用千变万化的组合。

完成衣橱管理一周之后，椰子发信息给我："我今天被公司一个品位好的同事夸奖了呢，说我最近变得时髦一些了。"自那以后，椰子常常参与我们的活动，一有机会就近距离接触美的资讯，因为我常常出差，后来有一阵子没有椰子的消息，直到有一天，我再次收到她的信息：

“依霖老师，感谢你和可颜给我带来的改变，我变得更美了，更懂得去感受生活中的点滴美好，也更有魅力了，而且，我还找到男朋友了。”我这才知道，原来椰子从来没有谈过恋爱，她那么渴望改变，不仅仅是因为她对自己的期待，也是因为觉察到了形象对于亲密关系的价值。

蜕变：

颠覆土气和村气

认识如尔的时候，她还是一个刚刚进入职场的新人。她的工作非常普通，月薪也不高。但她找到我，认真地告诉我，形象是困扰她多年的问题，她必须彻底解决。我被她的真诚深深地打动了。总有人误解我的职业，认为这个行业只为明星艺人或者豪门贵妇服务，然而，从我当上形象管理教练的那一刻起，我就期望能够真正帮到每一个需要衣品这个工具助力的人。衣品绝对不是高消费力阶层的特权，每一个对自我有期待的人，都可以将它的影响放大到生活中。因此，我毫不犹豫地接下了如尔的单子。虽然当时的她只能支付最基础的服务费，但是我依然愿意支持她通过衣品来改变现状并开启未来人生。

后来和如尔渐渐熟悉了，也成了朋友，我知道了她的故事。她从外地来到这个城市打工，没有好的家庭，没有好的学历背景，没有好的人脉，形象也非常普通。她比一般人加倍努力地争取工作机会，比一般人更努力地拼搏，但是每每在职场遇到比她更优秀、学历和家境更好的女生，她都会感到自卑和焦虑。因此，她想要通过提升衣品来增加自信，改变同事对她土气的评价。

土气和村气是很多背井离乡来到大城市打拼的人身上的标签。不仅仅是普通人，有许多明星刚出道的时候也充满了土气和村气，但是再过三五年，你再看到他们，就已经浑身闪耀着明星的气质了，当年的土气和村气一扫而光。人的气质蜕变是一个过程，而在这个过程中，需要系统专业的辅导和不断反复的训练。在如尔身上，我就开始了这样的训练。去掉村气的第一件事，就是摒弃极度艳丽、高纯度的色彩。虽然那时候的如尔很喜欢艳丽的橘色系，但她的皮肤不够白皙，且气质也很普通，所以橘色在她的身上体现不出任何高级感。实际上，在生活中使用艳丽的颜色的出错率是相当高的。高度艳丽的色彩自带气场，这对于它的搭配色以及穿衣服的人来说，都是很大的挑战，尤其是艳丽颜色和黑色的搭配，会让这种艳丽显得格外老气横秋。

因此，我给如尔的第一条建议就是，停止购买极度艳丽的衣服，学习使用柔和系的莫兰迪色彩，即便有时候莫兰迪色彩不是最出彩的，但至少是安全和高雅的，这对于去除村气有非常大的帮助。第二条建议是多使用一些职业化的单品，比如半身裙、衬衫或者风衣之类，因为这些职场单品大多材质精良，且比较挺括，虽然不能凸显个人特点，但能够帮她先建立起都市感，这种都市感对于去除村气也有很大帮助。最后一条建议是关于发型的。我常常将发型形容为“一件常年顶在头上的衣服”，衣服你可以每日更换，即便穿错了，也容易修正，但是发型是直观要素，几乎很难改变，且对人的影响极大。假如你的脸型不是百搭的鹅蛋脸或者瓜子脸，那么发型对你整体形象的影响就更大了。业内常常有一句话：“找到一个对的发型师，比找到一个对的男朋友还要难。”足以说明发型师的重要性。真正优秀的发型师除了懂技术，更重要的是具有足够的审美品位。每次走进一家发型店，我都会找衣品不错的那个发型师帮我打造。审美是共通的，一个对于自己有审美要求的发型师，也会将这种能力运用在他帮客户做的方案里。

如尔慢慢地从一个有些村气的女生，蜕变为一个具有都市感的女性。举手投足之间，有了更多的自信，她的内在气质也随着在职场上的成长而更加沉淀下来。在完成形象改造之后的三年，我见证了她在职场上的跃迁和生活品位的大幅度提升。有许多初入职场的新人总觉得形象不重要，等以后升职加薪了再来努力，实际上，形象本身就是自我管理的一部分，有着更好自我管理能力的人，在职场上也会有很多无形的加分项。好的职业形象，也是职业晋升之路一个好的开始。

衣品修炼小课堂

关于安全感类型的人的衣品打造，有几条重点策略：

首先，在色彩上，减少使用高纯度的艳丽色彩，多使用米色、卡其色、乳白色、灰色这类基础色以及柔和不刺激的彩色；其次，通过多使用一些职业感的单品来增加都市感，从而减少村气和土气，在气质上更加不容易出错；第三，重视发型和妆容的作用，好好花时间打理；第四，学会用多件物品的预算购买一件单品，打造高效率的衣橱，追求衣服数量少而质量精，保持单品的高品质感比盲目追求变化更加重要；最后，大胆淘汰不对的单品，别急着重新采购，不妨仔细拆解自己的长相和身型特质，重新思考如何盘活现有的衣橱储备。

凸显自我：如何避免成为一棵移动的“圣诞树”

生活是自己的，

值得用心去投资。

凸显自我类型的人和安全感类型的人有着不同的心理诉求，他们更希望被注意到，这种类型的人性格相对活跃。当他们有了一定的消费能力之后，会开始购买价格更高的优质单品，但是由于过往在审美和衣品方面的积累不够，总是显得有些浮夸，身上的重点过多，凌乱无序，缺乏品位。

凸显自我类型的人，通常可能存在如下问题：随着消费力的逐步提升，他们会开始尝试一些品牌或者名牌，但由于生活方式还没有达到标准意义上的富裕阶层，对于名牌的驾驭和认知还不够，容易显得富而不贵，常常一身名牌，却只有金钱的味道。由于特别期待得到他人的认可和关注，凸显自我类型的人时常穿得很卖力，身上会有一些醒目和显眼的单品，但是由于搭配不得当，没有展示出很好的效果。其中一部分人追求时尚，喜欢混搭，但是色彩、风格的不和谐，使他们像移动的圣诞树。

好看不贵的衣品进阶法：
花更少的钱，买更合适的衣服

夏小姐是我前几年的客户，那时候，我接的客户还不多，有更多的时间分配给每一位客户。夏小姐性格十分温和，与人交流的时候总是面带微笑，我想她来找我的原因，和她爱逛街有关。她是个十分热爱生活的人，对于新生事物总有十足的好奇心，偶然知道了我的行业后，就拉着我好奇地问个不停。她从老家出来，在大城市定居下来，独自打拼，已小有成就，开始对自我和生活品质有了更高的要求。夏小姐非常好学，每一次的陪同购物，都会在她不断的提问之中度过。对于我帮她挑选出的每一件衣服，她都会很认真地问我为什么这么搭配。她也很喜欢与我探讨各种潮流资讯。

对于衣服，她的要求是性价比一定要高，既要好看、实用，又要实惠。她也常常会外出逛街，一般一个月3~4次。逛街的时候，她并不一定会买东西，但她很享受这个过程，对她而言，逛街除了购物的目标，更是一种休闲和乐趣。基于我的职业原则，陪客户逛街的时候，我是不会自己试穿衣服的，但是和夏小姐的购物例外，因为她很享受我陪伴她逛街的乐趣，每次看到一件好看的衣服，她总是热情地喊我也试一试，起初我会认真地解释我的职业原则，后来我发现，她喜欢朋友式陪伴的服务，于是，我偶尔也会陪她一起试穿。每次试穿出来，她喜欢比对一下我们两个穿着的效果，再反复琢磨一番搭配技巧，在这个过程中，她得到了极大的满足。

虽然夏小姐的消费能力并不低，但是她愿意花在服装上的预算并不高。人们的消费观是存在差异的，有一些人愿意在服装上花大价钱，有一些只愿意花在包上，还有一些只愿意在珠宝上花费。因此，消费水平与财富等级并不一定成正比，人们通常只愿意把钱花在自己认为对的地方。

夏小姐对于她衣品提升的要求在于，如何花更少的钱，买回更适合她的衣服。起初她购物时，多半凭借自己的感性印象和喜好，成为她的形象管理教练之后，我帮助她做的第一件事就是系统化地分析测试她适合的视觉印象，经过明度印象、分量印象、线性印象、醒目印象、质感印象的综合测试，我为她制订了一套专属的形象方案。在之后的购物环节，完全针对她的需求来进行，我摒弃了商场里的一些品牌服装店，因为很多品牌服装店里的服装价格不菲，且容易撞衫。这里也给读者分享一个建议：假如你的朋友圈风格都比较类似，我建议你多去一些时尚买手店选购。不过，对于在形象设计方面不够精通的人来说，去时尚买手店选购的难度比品牌店要大很多，原因在于，品牌店多是同一种视觉印象的服装，在同一家品牌店铺里做搭配和购买，任意挑选几件，主体风格上都可以轻松融合，但在时尚买手店里，通常需要综合挑选几种不同视觉印象类型的服装，假如你的搭配功力不够，很可能就会眼花缭乱，不知道从何下手。

起初的夏小姐也不太适应时尚买手店，所以在第一个阶段，以我帮她选购为主。当她慢慢地感受到了时尚买手店的好处后，她找到了乐趣，渐渐地也能够自主地在时尚买手店里自由配搭了。后来的她，形象越来越鲜活，在她原本就喜欢逛街的爱好里发现了形象再次升级的乐趣，购买好看又不贵的衣服的想法变成了现实。

奢侈品的正确打开方式：让品牌为你所用

喵姨是一个性格鲜明的女人，用“又酷又飒”来形容她完全贴切。她敢想敢说，坚持做自己，就是一个活脱脱的“大女主”。她的衣橱里收藏了很多像她一样颇有个性和气场的物品，比如黑色厚重的马丁靴、肥大的阔腿裤、宽边眼镜，等等。通过这些物品，你不难想象到她平时的样子。找到我的时候，喵姨也说得特别直接：“我知道自己是个没有审美的人，现在比以前过得好了，也有能力消费一些品牌的东西了，但是总觉得自己还是土，到底是用的东西不对，还是我的眼光出了问题呢？”

说实话，我打从心底喜欢这样直率豪爽的女性，因为对于一名专业的形象管理教练而言，如果客户能够迅速直接地说出自己的需求，就省下了许多用于寒暄客套的时间。于是，我直奔主题，当场指出了她的问题：“是这样的，现在的你意识到自己缺乏对审美的认知，这一点非常好，即便你现在有能力购买一些品牌的物品，但是在你能够完全驾驭它们之前，这些奢侈品穿在身上，很可能是它们在驾驭你，当然这不意味着你不需要使用一些高品质的单品，只不过要用得聪明。奢侈品不仅仅是一种消费品，从某种意义上来说，也具有投资升值的价值，因此，你的功课，就是学会如何做正确的奢侈品投资。”

喵姨表示认同我的观点，于是我开始了接下来的形象管理服务。以喵姨为代表的这类人士也不在少数：早期的时候因为物质条件的局限，并没有消费奢侈品牌的习惯，随着经济条件的改善，开始想要提升生活品质，但对于奢侈品的认识仅仅停留在“贵的就是好的”这样的初级观念里，因而稍用不当，就会出现满身名牌 logo 的现象。还记得我在欧洲学习过一门课程，当时授课的是意大利版 *VOGUE* 的一位主编，一位风度翩翩的绅士，当时班里有一位男设计师，人特别亲和，但是有一个毛病，浑身上下都是名牌 logo，上衣、裤子、皮带都是醒目的奢侈品 logo 款，有一次老师点评每个人的着装，开玩笑地给这位男同学起了个外号“logo man”。这位男同学虚心地向老师求教：“我怎样才能看起来更有品位一些呢？”至今我依然记得老师的动作，他缓缓伸出手，将男同学的上衣衬衫往外拽了一下，巧妙地挡住了男同学腰间硕大的“H”型的品牌 logo，然后把他的外套合上，遮住了上身一半的印花，然后满意地点点头说：“你看，这样就好多了！”当天的课题，老师说到了奢侈品的用法，第一条法则是，身上不能同时出现两件以上带有 logo 的单品，logo 是一种时髦的装饰元素，但是将不同的 logo 叠加在一起，就显得过于花哨，反倒土气；第二条法则是 logo 的大小和位置——放在胸前或者腰间的 logo 大小，需要和你的五官分量感做一个配比，如果你的五官精致玲珑，而 logo 过大，就会有一种喧宾夺主的感觉；最后一条法则是选用奢侈品牌的时候，要多了解它的文化理念，因为每一个奢侈品牌都有一种自己的审美主张，比如香奈儿崇尚用黑色表达女性的优雅，用直线元素来表达女性的利落；而迪奥则倡导女性迷人的曲线之美；纪梵希偏爱用繁复的图纹和艳丽的色彩表达妖娆的美感；圣罗兰的品牌则透露出它诞生于 20 世纪六七十年代的颓废文化的美感。只有当你读懂了一个品牌的内涵，其才能真正为你所用，同时，每一个品牌所设计出的每一个系列，也都有各自的理念，比如香奈儿的 2.55 手袋拥有古典的优雅美，而 leboy 系列使用了更加粗犷的包链，拥有浓厚的男友风和现代之美。你的任何一件衣服，选取了哪一品牌的哪一个系列来表达，都可以很有讲究。

在后续的服务里，我为喵姨讲解了许多奢侈品牌的历史和理念，从创始人的背景、设计理念、品牌的文化发展到每一个有名的设计款，我都分享给喵姨，还带她参加时尚品牌的秀场和展览。在秀场和时尚展上，我告诉喵姨，品牌做这些展览和时装秀，并不仅仅是为了促进当期销量，更多的是希望展示它们的设计理念和品牌文化，从商业的角度来看，这才是最聪明的品牌营销战略。在一次次深入解读这些品牌之后，喵姨对于奢侈品有了全新的认识，她也慢慢地从购买路易威登的老花款式过渡到学会欣赏思琳的设计风格，慢慢地，她身上的名牌 logo 越来越少，而自身的品位越来越高了。让品牌真正能够为你所用，才是聪明的消费者。

生活是自己的：
从“家”到“自我”的改变

安安是从客户转化为朋友的代表。有一部分客户，借由我的专业帮助就可以实现改造，而有一部分客户，我必须成为她的朋友，长期地、慢慢地帮助她转换思维模式和改变生活形态，才能真正完成改变。这类客户大多是从小生活环境比较艰苦，在物质上形成了特别节俭的习惯，加上工作的紧绷，工作和生活的比例有些失衡，平时过于忙碌，而停下来的时候就无所适从，渴望美好，却不懂得如何在自己的生活中制造美好。

第一次上门为安安做衣橱管理的时候，给我留下最深印象的并不是衣橱，而是她那利落简洁到完全没有女性气息的家。大多数女孩子的家都是暖色调的，四处都能看到或可爱或浪漫的装饰和摆设，然而安安的家截然相反，她的家是现代风格，采用极简的黑色调和灰色调，家具也几乎都是功能性用品，没有任何装饰性的摆设。踏进她家的那一刻，我开始理解，为什么她的生活中缺失了美的部分。家是一个人极重要的能量场之一，也是令人放松的地方，如果说形象是你的第一重表达，那么家装风格表现的就是你心底最真实的样子。一个在意家居布置和装饰的人，通常都是很懂得生活情趣的。现代社会，每个人的工作压力都很大，街角的咖啡店、茶室都是我们释放压力的地方。而许多人没有真正重视起家里的布置和陈设。家是最值得悉心装点和设计的场所，家之所以是家，不是一个冰冷的样板房，就是因为里面有主人的影子、主人的温度，展示着主人的情趣和主人的爱好。

于是，我开始为安安设计课题。最先要解决的问题并不是形象，而是如何在她的家中植入美的情境。我分享了自己的两段关于家装的经历。第一段经历是有关我在厦门的家装，厦门的房子很大，附近的风景也很好，从一结婚我和先生就住在那里，不过，随着住的日子越来越久，后来又有了孩子，家中的杂物就越来越多，女儿们的物品也占据了越来越多的空间，请来的阿姨只能解决整洁的问题，情趣的问题却只能靠身为女主人的我来解决。于是，我决定改造并重新软装女儿们的卧室和活动室，因为女儿们长大了，儿童时期可爱的娃娃玩偶已经不能满足她们的心智发育了，我希望她们拥有更多安静的阅读空间，同时，我和先生也需要一个属于我们家庭的安静交流的空间。我的软装方案是：第一，更换女儿们房间壁纸的颜色——一旦空间的色彩发生改变，人的情绪就会随之改变；第二，将活动室的墙壁做成整面的书墙，飘窗的位置设置可以用来阅读的空间，同时添加泡茶桌和一家人可以席地而坐的地毯；第三，将一面墙贴上乐高墙贴，给小女儿留出益智游戏的空间。改造方案一出来，并没有完全得到先生的认可，他觉得没有必要特地翻新和软装。我预料到了他的反应，因为对大部分人来说，在一个空间里待久了，即便不美观的地方也已经看习惯了。但是在我看来，随着时间的变化，人的心境和对于空间的需求都是在变化的，唯有隔一段时间重新调整一下空间和能量场，才能让自己得到最好的照顾。在我的坚持下，改造完成了，面对焕然一新的房间，女儿们很开心。而这项改造真正发挥它的价值的时期，是我也没有预料到的。新冠肺炎疫情暴发的时候，我们一家人有三个月左右的时间足不出户，而在这段特殊的时期，这个静谧的空间成了我们一家人最舒适的空间，我们泡茶、看书，得以愉悦地度过了这段时光。

另一个家装故事发生在上海。我刚搬来上海的时候，因为是租房住，家里的装饰和陈设都不能完全符合我的需求和喜好。于是我打定主意，要重新改造一下这套租来的房子。既然是租来的房子，格局不能动，动软装最方便。于是，我更换了窗帘、靠垫、沙发和地毯，同时购置了新的茶具、酒壶、盘碟和收纳容器，当我自己挑选的这些物品都入住了之后，这个家才不再完全是别人的房子，而拥有了我自己的温度。家是用来和自己相处的，然而在国内，许多人的观念是，房子是租来的，即使花钱装修了，最后也是留给房东，太不划算了。我却觉得，房子是租来的，但生活并不是租来的，属于你的这一年，是不能重来的一年，唯有悉心对待了，才不愧对这一期一会的生命体验。有许多因为公派来到中国的外企高管，我发现他们对自己的居住空间和生活品质往往有很高的要求，他们会在自己的能力范围内买性能最好的电器，即便离开的时候不能带走，但在他们的观念里，这也是非常值得的投资。在欧洲，租到的房子大多是空房，除了厨房和洗手间之外，卧室和客厅几乎是全空的，这是因为欧洲人对于家具有自己的要求和讲究，是他们生活方式的体现。购置生活物品，也是关于美的投资，不是单纯的消费。

我建议安安对她的家重新进行软装，通过对所有空间的色彩、形状和元素的重新设计来提高审美水平。安安是个学习能力很强的人，很快她就掌握了一个有品位的家的四重要素：第一要素是“净”，干净整洁是基础要素，这一点她的家已经基本具备；第二要素是“书”，也就是说，一定要有书香，才有文化之美；第三要素是“植”，也就是说，当一个空间具备绿色植物的时候，它才是一个有生命力的空间；而第四个要素最难实现，也很少有人拥有，这就是“藏”，真正具有品位的家，是有主人的藏品的，并不一定要是很昂贵的藏品，可以是主人旅游带回的纪念品，也可以是主人从小收集的玩具，有藏品的家是有灵魂的，当客人来做客时，可以很快地感受到这是一个有温度、有故事的地方。

一个月后，安安的家中更换了新的床品和窗帘，新色彩的加入让她的家变得丰富起来，我建议她在家中多选取一些有女孩特质的物品，比如 Ins 风格的精致梳妆镜、戴森的吹风机、好看的纸巾盒、日本无印良品的收纳柜等，让每一个细节都能够提醒她作为女孩子的精致美好。

从那时候开始，每一次去安安的家，我都能看到惊喜的变化，慢慢地，她开始邀请朋友到她家喝下午茶，而在这种环境的浸润下，她自身的形象也发生了极大的转变，变得更加有女人味。更重要的是，她开始懂得享受生活中的一切美好，懂得生活是自己的，值得用心去投资。

衣品修炼小课堂

对于凸显自我这一类型的人来说，形象提升和打造的法则总结如下：第一，学习个人形象的定位和基本的穿搭原理，先做到不出错，再做到出彩；第二，学会正确地使用品牌，更多地了解奢侈品牌背后的理念、文化、历史，找到适合自己的品牌；第三，不要过度彰显名牌 logo，学会低调含蓄地表达高级感；第四，在生活情景中更多地融入和美有关的要素，让自己从生活层面上更多地接触美好的事物，从而开始由内而外地表达美好的状态。

得体社交：
穿出表达力，穿出影响力

她们真正需要的是从内心生发出来的力量。

得体社交类型的人，在职场中特别常见，通常来说，理性务实的人居多。他们思维严谨，有可能是团队的领导人或者高层管理者，对于他们而言，身份的认同感尤为重要。当一个人只代表他自己的时候，通常不会用“得体”来形容，“得体”这个词的背后映射着这一类型的人的心理状态，就是不希望在和其他人的交往过程中不得体，或者说，不希望在别人面前犯错或出糗。同时，得体社交类型的人，大多处于中高层次的社交圈，打交道的人也都或多或少在意场合的表达，或是在意形象，这就给得体社交类型的人提出了更高的要求和挑战，令他们不得不去正视自己的形象和表达。而从社会心理学的层面来说，通常社会层级越高的人，越是受到身份表达的约束，从而更加严谨和细致地对待自己的言行举止。

得体社交类型的人分为两种，第一种是职业属性非常强的人，他们在外形上有着摘不掉的职业标签：因为工作过于忙碌，永远没有时间认真收拾自己；形象设计有强烈的职业目标感，因为过度强调工作属性，着装往往非常商务，不仅显得生硬，而且没有任何自我的审美观。我遇到过的律师客户，最高频次使用的单品就是职业套装和衬衫；而有些运动行业的管理层，几乎所有的衣服都是和运动相关的。

第二种是因为身边的人的职业角色非常重要，所以也对自己的形象有所关注，比如大公司的董事长秘书，因为要陪老板出入各种重要的场合，所以对于社交的把控也需要非常得体；还有些人的伴侣是政府机关的高层或者企业的董事长、总经理，在一些需要携伴侣出席的重要场合，就需要特别在意自己的装扮。这类人假如不懂得衣品，就容易在重要场合显得平庸、俗气或是不够得体。

职场精英升职记

樊樊是一家500强企业的中层管理者，年纪很轻，就凭借着极高的情商和对事业的专注努力得到领导的赏识，一路晋升，在同龄人里也是绝对的佼佼者。樊樊有着清晰的思路和对自己未来的职业预期，初次见面，她就清晰地陈述了自己的需求："我希望我未来在职场上有更突出的表现，我的努力也能被看见和认可。因此，我需要有更得体的表达和谈吐，尽可能丰富我的思维和见识。而且我的工作很忙，我没有时间自己摸索，我愿意付费给最专业的人士来带我成长。"她深邃的眼眸和坚定不移的自信，给我留下了很深的印象，我有理由相信，她是抱着明确的职业化目标来学习的，确切来说，她是先设定好了自己未来的样子，从中找到了差距，并以此为轴心，设定好了达成未来目标的路径，然后才选了我做她的形象管理教练。

通过那一次对话，我就对樊樊充满了信心。凭借我的专业经验，像这样为了清晰的自我实现的目标而努力的客户，通常有着更高的自驱力和自律性。若她在职场上已经凭借自己的能力取得了一定的成就，那么当她下定决心要改变自己的衣品时，同样会快速地吸收知识、持续训练，最后得到她想要的结果。从某种程度上来说，自我管理的能力和你对自我的要求有很大的关系：如果你对自我的预期是模糊不清的，那么通常对于吃什么、穿什么、做什么、说什么，也都不会有很多讲究；而作为一个理性的职场人和创业者，通常都需要严格地规划日常，比如我深知，吃进口中的每一口食物，都会成为我身体的有机组成部分，健康的身体是事业的基础，为此我会开始管理我的日常饮食。对于时尚行业的人来说，维持良好的身型、保持姣好的容貌也是基本的职业素养，因为你的工作需要你经常出入媒体节目或是时尚场合。我身边的时尚界的朋友，对于如何坚持运动和美肤都颇有自己的心得。在国外的时候，我也留意到这个现象：职场的精英人士因为需要应对更高的工作强度、更多的社交场合，所以自我管理意识都极为强烈，自我管理系统比普通人更完善。

我认识的一位老师，专门给 500 强企业的管理层讲授《精力管理》这门课程。精力管理是一个庞大的系统，涉及人的饮食、作息、生活习惯、时间统筹和情绪管理。

能够系统化地安排自己精力的职场人士，有着更健康的体魄、更充沛的能量去可持续地应对长期的高强度工作，能够更长时间地将自己的工作效能保持在一个极高的水准上。作为一名形象管理教练，我深知，对于职场精英人士来说，良好的职业形象和有个人魅力的外在表达，都是帮助他们获得更多人脉资本以及商业机会的工具，也是他们能够高效展示自我的商务名片，可以让他们获得更多的商业机会和社交影响力。找我做形象管理的客户里，职业精英人士的数量占比极高，在他们的认知里，学习是一门重要而非紧急的投资，是拉开人与人之间差距的关键，而不是可有可无的选项。

于是，我认真地为樊樊安排了一系列的课程和服务。对于高效能人士和有学习能力的客户来说，在介入各种服务之前，我会先向他们拆解和分析清楚底层逻辑。因为他们有着足够强的吸收能力，所以系统地了解审美这件事，给他们带来的影响将不仅仅停留在穿衣搭配方面，还会给他们在人脉拓展和商业创造性等方面带来更多的启发。在樊樊的课程体系里，我设计了审美思维的提升、圈层社交语码的学习、场合服饰的打造等课程，有针对性地提升她的个人魅力和社交素养，让她在未来的社交场合里更加游刃有余。樊樊的悟性很好，经过一个月的学习和实践，她在国际商务和社交方面的穿搭能力大大提升，整个人的气质也更能从内在散发出来。因为她更加干练和得体的衣着、言行，在一次同行业的国际性会议上，公司选中了她作为主发言人，并负责对接重要嘉宾的行程安排和接待。后来，她很兴奋地告诉我，那一次她将课堂上学到的所有知识都尽可能地用上了，效果非常好，公司嘉奖和提拔了她。就这样，她得到了更多认可。客户取得成就的高光时刻，也是我最有成就感的时刻。

职场软实力培养手记

出于职场人士对软实力塑造的需求，我经常会出入一些企业，为他们的员工做讲座和培训。晴雯就是负责他们公司整体培训业务的人力行政总监，可以说是他们公司的

“大管家”。她所在的企业是一家大型互联网公司，绝大多数的互联网企业因为人员流动性太大，所以对于员工职业软实力的培养不够重视，但在我看来，员工的职业素养是现代企业的硬实力，是一家企业的无形资产和在市场上的核心竞争力。晴雯是一个重视培训的人力行政负责人，她对比了行业内的几家企业之后，最终选择了我们作为企业内训机构，同时也聘请我作为她的私人形象管理教练。

这让我有了更多和她近距离接触的机会。私下的晴雯是个热爱时尚也热爱生活的女孩，她告诉我，她从大学毕业就在这家公司工作，一晃 10 年过去了，她也从一个普通行政人员升到了人力行政总监。虽然现在的她已经非常熟悉公司各个环节的运作，但是她仍然觉得需要提升自己，无论是形象的表达，还是商务宴客的礼仪方面，都可以更加得体周到一些，毕竟出席的很多场合她都代表着公司的形象，而且通常公司最重要的客户也是由她来安排接待。她认为她要起到绝对的表率作用，就得从提升自己开始。

晴雯的基础形象还不错，但作为高层管理者，少了一些气场，因此我为她选用了一些更具力量感的单品，建议她和现在衣橱里柔和的服饰搭配着穿，因为她身处互联网企业，需要具备一些创意力和活跃感，太过于职业化的西服套装反而会使她显得格格不入。我给晴雯的建议是，选择一些小众设计师品牌——他们的服饰带一点个性、时髦的元素，又不那么中规中矩，能够表达出高管的主体基调。

晴雯的个子不高，这也是常常困扰她的地方。为此，我给她的建议是，不需要刻意为了拉长身高而穿很高的高跟鞋，这样不仅不舒适，还会给人一种很强的距离感，可以选择一些比较收紧提气的款式，让视觉点上移，达到整体显个儿的效果。如果穿的是运动款式，可以搭配一些具有增高效果的老爹鞋。

与此同时，我针对她的工作属性，补充了关于商务馈赠、宴请礼仪以及社交场合服饰的私人教学，帮助她掌握了更多宴请和接待的原则。或许你会好奇，说到衣品，为什么需要有礼仪的课堂呢？其实宽泛地来说，形象管理教练是负责解决一个人的服饰妆容、行为举止、谈吐修养等所有问题的，只有当这些由内而外的问题都得到优化，这个人呈现给外界的形象才是真正优雅得体的。礼仪是人与人之间社交品位和修养的体现。宴请和接待中有许多我们日常容易忽视的细节，比如怎么给重要的人安排座次、如何点菜、伴手礼送什么，这些细节如果能够一一掌握到位，那就可以说是一个非常有水平的接待高手了。一系列的课程结束后，晴雯顺利出师，她将这些知识点结合公司的实际情况，梳理成他们自己的培训体系，用来辅导一批又一批的新人。

自信：
从内心生发出力量

和芸姐相遇，是在我们机构的课堂里。在座的学生中，她属于气场比较强的——一头乌黑的长发，眼神凌厉。起初我不太了解她的情况，只觉得应该是个比较独立自信的女人，直到课间，她来找我，一开口就问道：“老师，我想要学习一些高端的社交场合的服饰打造和社交上的注意事项，我先生是一家上市房地产公司的老总，平时我负责在家照看孩子，虽然家里物质条件不错，我也懂得把自己打扮得美美的，名牌衣服也有很多，但因为脱离社会太久，在很多陪先生出席的社交和商务场合，我还是不够自信。我总觉得我不如职业女性有气质，也不如她们会聊天。”通过她的自述，我看出她的焦虑来自她的先生。的确，有很多全职太太，即便先生对她们很好，也依然会因为所处环境的不同而感到焦虑。她们真正需要的是从内心生发出来的力量。

我遇到过的全职太太客户，有两种极端：一种非常依赖她们的先生，百依百顺、温柔备至，没有鲜明的自我主张，家中大事都是由先生做主；而另一种虽然是全职太太，却有着堪比职业女性的独立思考力，不仅能打理好家中事务，还常常是先生的精神依靠和智多星。显然，芸姐属于后面一种，有思想，渴望自我提升。我对芸姐的改造是从发型和妆容开始的，倒不是因为她现在的形象有大的问题，而是一个人的气质通常是从头开始塑造的，我建议她将乌黑的长发修剪成到肩膀长度的中长发，在头发的颜色上也做一些层次的变化，原因在于她的气场比较强，如果再加上一头乌黑的长发，会显得更加强硬。她现在的主要身份角色还是全职太太，面对的更多的是先生和孩子，从主体气质上应当更加亲切柔和，在细节上做出变化，可以让整体更加时尚轻盈。发型的改变给了芸姐很大的信心，用她的话说，仿佛自己切换成了另一种气质模式，看起来更加温柔有气质了，同时也不失时尚感。再接下来，我为她进行了妆容的设计，原先她习惯用的口红是艳丽的玫粉色，但她本人的肤色其实偏暖色调，这种玫粉色令她的肤色看起来极不健康，我建议她改换成豆沙红，更加温和且文雅。几个小的变化下来，芸姐看上去比原先年轻了许多，也自信了许多，更重要的是，这些建议都让她更具都市职业女性的文雅气质，修复了她对于自己脱离职场的不自信。

紧接着，我开始为她设计衣橱。原先她的衣橱里大部分都是连衣裙，有很多复杂的蕾丝边、鱼尾裙设计，这类服饰职业女性用得很少，为此，我建议她在穿搭时保留三分之一的女性化元素，剩下三分之二尽量以简洁和直线的剪裁为主，色彩上也不要过度使用花哨和甜腻的，以稍微清雅和柔和的色彩来替代，比如将大的牡丹花元素换成抽象的白玉兰花元素，整体服饰的气质就得到了明显的改变。在社交服饰的选用上，我让芸姐摒弃了那些仅仅为凸显身材优势而设计的社交礼服。在芸姐可能跟随先生参加的社交活动中，一定有一部分是需要更多的文化谈资的。我带芸姐到了一家高级定制工作室。定制的好处在于，从选色、面料到绣在衣服上的珠片、扣子……每一处细节都可以按照自己的想象来设计。这家工作室的主人也是一位非常有品位的设计师，经常帮明星设计礼服，每次我问他“你认为什么是最好的设计”，他都会说：“设计最大的魅力不在于选用华丽的面料和凸显身体的曲线，而在于你能够将自己的灵感和创意融入其中，这个灵感可能来自你过去的经历，可能来自你坚持的理念，也可能来自你脑海中偶然迸发出来的一个天马行空的想法。只要是来自你的思想和灵魂深处的，都是有故事的。这种故事感会赋予一件服饰生命力和更好的氛围感，它和你的经历是能够产生共鸣的。”

在定制礼服的过程中，我结合了芸姐的形象测试方案，为她解释了她应当用什么样的领形、袖长，定制礼服应当做什么样的设计，能够最大化地展示她的优点。芸姐觉得很有趣，她也充分地表达她的想法，要求在腰间要融入一个小细节，在领口花点小心思，等等。定制结束，芸姐说她不仅得到了一件衣服，更重要的是，未来在社交场合，当穿着这样一件有故事的礼服，她都会想到礼服每一处的设计都和自己有关，这件礼服展示的不是昂贵的面料，而是她自己对美的认识和想法，这比单纯展示身材的礼服更有意义。

衣品修炼小课堂

对得体社交类型的人的打造策略做一个总结：第一，这一类型的人通常有非常清晰的自我提升意识和目标，最重要的是先确认好目标，根据目标设定达成路径；第二，对于不同场合的着装，需要有更加深刻的认识，不仅要区分好什么样的场合穿什么样的衣服，更要理解某一种场合最高级形式的表达是怎样的；第三，需要提前准备好不同场合的服饰，尤其社交服饰是这一类人的必备单品；第四，更加丰富自己在商务和社交礼仪方面的知识，扩充自己的知识库，针对不同场合建立不同的社交谈资；第五，读懂服饰的语言，在故事感和氛围感方面多做功课。

品位情趣：表达自我不等于放飞自我

最高级的审美通常是大音希声、大象无形的，

舒服的自我表达才是最美的。

品位情趣类型的人，通常没有太大的经济压力，部分已经实现了财富自由，有充足的时间去实现自己的兴趣和爱好。在我的客户中，许多海归人士有这样的倾向，喜欢亲近自然，很少有焦虑情绪，生活和工作状态平衡，能充分利用下班之后的休闲放松时光以及度假时光。一部分人是在生活观念上渴望实现事业和生活的平衡，还有一部分人的职业就和美学有关，比如设计师、美学培训师等，他们也会更关注品位和情趣。

品位情趣类型的人更加偏好休闲装和运动装。在他们的观念里，外在表达应该有一种松弛感，因此不希望刻意装扮，而这种“不刻意”，假如运用不得当，传递出来的就是一种过度随意的状态。还有的人穿着的服饰面料都是纯天然材质，价格不菲，但由于款型和搭配的问题，完全看不出任何品质感。品位情趣类型的人对自己的要求很高，但是由于不了解服饰表达知识，往往无法精准地呈现自己。

找到自己的风格，休闲不等于邋遢

德汐和先生一起创业，家庭收入情况不错，但她总是喜欢穿得松松垮垮，看上去邋邋遢遢。在德汐成为我的客户之前，我一度认为她并不需要我的指导。因为以往绝大多数来寻求改变的人都有自己想要明确改变或是期待改变的方向，有职业上的，也有家庭或自我成长方面的。我常称之为“痛点”，也就是说，对于现状的不满意和“痛点”，是诱发一个人改变的主要因素。从德汐身上完全找不到这样的痛点，她对于自己的生活现状非常满意，经济上没有压力，夫妻感情和睦，儿子是个学霸，一家人经常一起出国度假。德汐非常健谈，第一次见面，我们就开心地闲聊了两个小时。一个月之后，她又来找我，边品茶边问我：“依霖，我自认为是个有些生活情趣和品位的人，但我总觉得好像少了点什么，我希望能有更多的提升，你能不能跟我分享一下，你认识的人里，有品位的人，他们的生活是什么样的？”

我分享了我认识的一位老师的故事。漂亮的人很多，有品位的人却很少，有独特品位的人就更少了。这位老师就是难得的有独特品位的人。她的家是一栋别墅，毫不夸张地说，就是一座私人博物馆和艺术馆。她是个典型的以书会友的人，每次见面都要送我一本她喜欢的书，认真地包好，写上卡片。老师很喜欢交朋友，常常请我们到她家中做客。她特别喜欢收藏杯子，每一次我看到的杯子都不一样，造型独特。老师说，她家的杯子都是从世界各地买回来的，有很多价值不菲并且是限量版，每次招待朋友，她都会把好东西拿出来分享。我忍不住问她，这么珍贵的器具，万一被客人摔碎了怎么办？她回答说：“我对物品没有执念，我喜欢和朋友一起交流，即使摔碎了，那也是一份独有的记忆。逝去的就不再牵挂。”我是一个不爱社交的人，但是很喜欢去老师家，每次去都会有说不出的温暖。一个品位好的主人总能令一场聚会周到而圆满。

听完我的故事，德汐若有所思，她对我说，之前遇到的形象设计师，个人风格都过于强烈和夸张了，她很害怕他们把她也塑造成那种过于浓烈的风格，所以一直有些抗拒请专家做形象管理。我笑着说：“其实我刚入行的时候最困惑的也是这件事，很多形象设计师为了寻求所谓的特色，总是喜欢标新立异，比如用红色头发、紫色网袜来凸显造型感，这种审美我是完全不认同的。我最早的工作室也选了灰色做主色调，不同于其他工作室浓烈的色彩。我在业内被提醒得最多的就是：‘依霖，你要穿得再与众不同一点，不然怎么能够证明自己是个形象管理老师呢？’但最高级的审美通常是大音希声、大象无形的，舒服的自我表达才是最美的。”

后续的服务中，我结合了德汐喜欢的休闲元素，提炼了她喜欢的插花和茶艺的中式范式，让她在主体的服饰元素中融入一些中式配饰，比如花草元素的胸针或是丝巾。

材质上也尽量选择纯天然的布料，款型上更多地选择宽松的款式，让她在维持自己舒适休闲穿衣习惯的基础上，加入独特的、彰显个人情趣的标识。

寻找更多可行性，定位自己独特的美

Vincci 是个非常优秀的女孩，在法国读完艺术专科，毕业之后，留在法国工作了 10 年左右，一直从事艺术相关领域的工作，也参与策划过许多大型的中法展览。从履历来看，想必是一个非常有艺术气息的女孩吧！但在 Vincci 开口说话之前，我完全没有从她的外表中读到这一切。Vincci 是和她的同事一起来我们公司谈市场合作的，她的同事表现得很自信，落落大方地介绍他们的品牌，而坐在一旁的 Vincci 却显得有些内向、腼腆和不知所措。整个对话交流的过程中，Vincci 几乎没有发声地倾听着，没有化妆，穿着一件简单的牛仔夹克。直到我们的对话临近结束，我才注意到 Vincci，我请她介绍一下自己，这才知道她在法国留学和工作了10多年，而且是在艺术领域工作。当时我非常惊讶，直言不讳地问她："法国是一个艺术品和奢侈品之国，法国的女性在这样的环境浸染下都是非常有自己的格调的，为什么你不太注重打扮呀？"她有点不好意思，回答道："我今天确实没有认真打扮，还有，在国外其实大家也都很随意的。"

确实，正如Vincci所说，在国外，尤其是法国，人们的装扮都有几分随性和慵懒。虽然巴黎是世界最大的奢侈品之都，但是行走在巴黎街头，很少看到满身名牌的女性，她们反倒通过一件宽大的白衬衫、一条丝巾和一条阔腿裤就能搭配出自己的气质，这种性感自然而优雅。我常常用法国女性的穿搭做教材。Vincci虽然耳濡目染，但是完全没有将这些艺术元素融合在自己的服饰里，着实可惜。在后来的学习中，老师帮助Vincci尝试了不同视觉印象的造型，每一种变化都令Vincci感到惊喜。Vincci说，原来通过妆发和服饰的调整，能够让一个人的气质发生如此大的转变，过去她总认为自己的气质乖巧，因此选取的服饰元素都比较保守和中规中矩，但是经过造型课程之后，她发掘了很多原先她不敢尝试的风格。而且，原先她认为自己接受不了的动感和冷艳的造型，其实也都很好看。

的确，如果一个人没有看见过自己的多种可能性，就无法最准确地定位和选取出最适合自己的那一种。Vincci的前后对比照片着实惊艳，一个普通女孩有了国际化的高级感呈现。在最好的年纪里，找到自己不同面向的美，从中定位出最符合自己的独特美感，是一件多么有价值的事啊！

衣品修炼小课堂

品位情趣类型的人，打造策略总结如下：第一，提升审美能力，培养生活细节中的情趣品位；第二，除了审美的积累之外，也要想办法将美落地于生活中，比如在服饰上展示情趣，或在家居布置上装饰考究，都是让内在审美和外在表达不脱节的好方法；第三，追求品位情趣的人，不妨在自己的服饰上也进行一些小的别致元素的设计。

内在极致主义：将自我的故事讲述给所有人听

任何时候，内在的不变，

都是外在变化的基础。

内在极致主义类型的人是人群中的少数派，他们通常不太在意外界的评价和看法，对于审美有自己独特的坚持和见地，不容易受到其他人意见的影响。这一类型的人内心非常强大，很多是各行各业的创业者，会用一些极致的元素来表达自己。

内在极致主义类型的人，有两种截然不同的状态：其中一种完全追求精神的极致，只重视内在，丝毫不重视也不在意外在的表达，他们不愿意过多地在外表上彰显自我，更强调能力，因此从外在着装上看完全不是服饰讲究或者精良的类型，甚至丝毫看不出他们是有一定身份和社会地位的人；另外一种在细节上要求完美，常常觉得找不到能够恰如其分地表达自我的物品，在外表呈现上，他们通常特立独行，有自己独特的风格和腔调，比如有的人常年选择穿单一纯色的服饰或是宽大的版型，通过某一要素的特点来表达自己的内在极致主义。

打造特定视觉符号，
找到自己的变与不变

潇涵是一家媒体的主持人，我们因为工作而结缘，她邀请我上了一次她的访谈，主题是“私人衣橱管理”，那时衣橱管理对于大多数人来说还比较陌生，通过那一次的交流，潇涵对此产生了浓厚的兴趣，于是她邀请我到她家为她进行衣橱管理。来到潇涵的家中，我看到了琳琅满目、色彩缤纷的服装，可能由于她是主持人，需要经常出席各种活动，多色系的着装和各种高跟鞋就成了她衣橱里的必备装备。

然而，在我看来，这些服饰和鞋子毫无个人辨识度，像是凌乱的道具，我无法从中读出主人的喜好和个性特质。一个健康的衣橱是“有机”的，在看似不搭边的各类物品中，能够展示出核心的内在逻辑，这个逻辑也就是主人的审美特质。当然，个人提取这个内在核心逻辑的过程并不那么容易。你不仅要懂得自己想要什么，想要表达什么，还需要拥有一定的审美能力，通过美学符号，比如色彩、材质、设计元素等将它表达出来。

根据潇涵的肤质特点和身型特点，我帮助她淘汰了衣橱里近一半的服饰。很多人觉得“搭配”是一个形象管理教练最重要的能力，而在我看来并非如此。我认为一个优秀的形象管理教练最重要的能力是帮助客户做“筛选”和“规划”，就像营养师需要根据一个人的体质筛选和规划出应当用哪些食材、每种食材应该用多少分量来调节一个人的体质。在没有清晰地筛选和规划之前，搭配只是非常短暂和即时性的改变，收效甚微。虽然潇涵出席的活动场合很多，但我还是不建议她用七彩的呈现来表达自己。因此，我去除了很多暖色调的服饰，让她的衣橱主体色调控制在偏深色和高纯度的冷色调。许多客户喜欢用各种不同的色彩来表达自我，想要展示出自己的百变特点，不愿被某一个色彩定义，其实所谓的百变始终基于你的长相的模板，就像混搭的逻辑也是基于内在的和谐。任何时候，内在的不变，都是外在变化的基础。

在整理潇涵的衣橱时，给我印象特别深的是一条墨绿色的裙子，对于当时的她来说，这条裙子在肤色和气质上都非常相衬。我告诉她："这条裙子很适合你，你可以多穿几次。"潇涵的个子不高，但一头黑发长及腰间，我告诉她："你的头发太长了，容易压身高。"随后，我陪她来到一家美发店，发型师建议她剪成中长发，我问她："你舍得剪掉这么多吗？"潇涵说："我从小学起头发一直都这么长，但你是专业人士，如果你觉得我剪了会更好，那我就听你的。"从美发店出来，潇涵的气质就焕然一新了，左右略微不对称的长短发设计，不仅比原先的长直发更时髦，还略微有了俏皮的感觉。

后来，她创立了一个线上的艺术品牌，这个品牌发展得非常迅速，短短几年就沉淀了上千万的忠实粉丝用户。

而潇涵作为创始人，也成了一个艺术大 IP，人称“意公子”。最有意思的是，当时我为她设计和改造后的形象，成了意公子深入人心的形象，因为她的那条绿裙子多次出现在镜头前，人们渐渐将绿裙子和意公子的形象直接绑定。成为意公子之后，有一次，她约我喝茶，开玩笑说：“现在的我，如果哪次上镜不穿绿裙子，粉丝都不答应，害得我把市面上的绿裙子都买回家了。”对于内在极致主义类型的人来说，某一个特定符号的呈现是衣品表达的重要方式，在意公子身上就体现了这一点。

如何利用衣品，
打造鲜明人设

内在极致主义类型的人里有一部分是男性群体，其中很大一部分是企业家和创业者。这群人专注事业的发展和个人能力的突破，极度重视精神追求，衣品大多不是他们直接关注的重点。但是由于身份和场合的要求，他们往往

比普通人更需要面向公众做表达，比如公司年会、产品发布会、媒体见面会，等等，在这些场合，他们需要代表的不仅仅是自己，还有他们的企业形象。

叶总的秘书找到我，我了解到他近期要出席一个重要的媒体见面会。这次形象管理的重要目标之一，是完成这次活动的造型，同时叶总因为工作繁忙，希望能有一个比较适合他、可以长期沿用的形象打造方案。前一个目标容易完成，我采集了活动的主题、现场的背景颜色、着装要求，同时也了解到，叶总作为嘉宾，需要上台发言和颁奖，这些场景要素结合起来，我为叶总挑选了一套适合他的肤色和身型的设计款西服，不同于正式的商务款西服，在西装的领面上做了双色处理，让视线集中到领口，使他看上去更加精神也更有活力。

交付完第一项任务之后，我开始着手设计叶总的长期形象管理方案。对于内在极致主义者来说，很难从外界为他植入一些新的理念和元素，最好从他们自身内在的信念体系中提取出能够代表其精神理念的“符号”，植入他们的长期形象方案，再通过不断反复地强化视觉印象打造出统一性和独特性，也就是说，让其他人通过这个符号很容易就能产生相关的联想和记忆。叶总的企业属于科技创新的赛道，他本人一直坚持着“科技创新未来”的核心理念，他企业的员工和产品消费者也都是“90后”，为此，我定位的核心关键词就是“科技感”。从视觉元素的设计来看，假如你想表达“古典”，会偏向深色系的搭配，联想到红木元素、亚光感、中式元素，等等；而要表达“科技”，联想到的首先就是金属色、亮光感和硬材质。

在关键词的提取上，比如计算机、人工智能、机器人，这些都是科技的代表词，我从中提炼出核心的视觉表达元素，再嫁接到服饰语言上，总结出两种范式，一种是商务范式，另一种是休闲范式。具体来说，我建议叶总在商务的场合以修身、具有年轻感的正装为主，在领带夹、袖扣和腰带的金属部分，选择有科技感的元素加以点缀，也可以戴一些俏皮的徽章，比如星际联盟之类，这些不仅让他更有活力，而且在不影响正式感的前提下，还能凸显科技感；在休闲场合，则可以有更大的发挥空间，比如可以戴科技酷炫风的眼镜、穿黑科技的运动鞋等。除此之外，我建议叶总在其他物品上也附加一些科技功能，比如选择智能车或是智能家居。当科技成为他的主题时，他就不仅可以在任何场合将自己最擅长的兴趣项放大，也能在人设上鲜明统一，让所有人更好地认识他，从而更好地为公司形象做代言。

其实，无论是男性还是女性，无论是企业家还是普通人，每个人都有最自信的原点，只是由于很多原因，这个内心深处自信的原点没有被读取、被看见，而作为形象管理教练，职业赋予我的责任，就是通过人文关怀，提取和放大每个人内心深处的那个自信的原点，将它们转换为“衣品”的语言，讲述给所有人。

衣品修炼小课堂

内在极致主义类型的人，在衣品打造方面需要注意几个重点：第一，这一类型的人倾向于不被服饰所束缚，他们对于表达自己对这个世界的认知更感兴趣，因此打造的核心是提取出他们内心想要表达的理念；第二，找到他们独有的精神属性的标签，通过形象穿搭的表达逻辑和服饰符号，帮助他们灵活且舒适地呈现出来；第三，反复使用和强调与他们内在精神图腾及精神内核相关联的物品和符号，通过强化视觉印象表达出统一性和极致主义的效果；第四，和内在极致主义的人交流，先学会倾听他们的想法，建立足够的信任，达成理念上的共识，是打造成功形象的重要前提。在没有深入了解他们的内心世界之前，不要急于捕捉和定义他们的视觉标签。

4

不烦恼的穿衣法则，修炼你的衣品

手把手带你管理你的衣橱

你的衣着，

藏着你最真实的状态。

在前面的章节里，我们已经就衣品的内涵和定义、衣品模型的分类、对应类型的客户案例以及衣品的底层逻辑做了分析。本章我将介绍一些日常穿搭技法，帮助大家提升时尚感。

你的衣着，藏着你最真实的状态。

你的衣橱，反映了你衣品的高低。

衣橱，是你日常衣品的缩影，代表着你的穿衣和购买习惯。在形象管理教练的服务流程里，有一个标准模块是上门服务的衣橱管理。我通常会将这个环节放在最前面，因为有时候听一个人描述她的衣橱，和亲眼看见是两回事。绝大多数人都不觉得自己的衣橱有什么问题，毕竟从来没有人告诉过你，衣橱里的衣服应该有什么样的场合配比、款式配比和数量配比，也没有人要求你根据自己的预算、身份需求来做配置。这就是许多人的衣橱“不够理性”的原因。每次我翻看客户家的衣橱，都像欣赏一个小型博物馆。通过一个人的衣橱，我能察觉和想象到她的生活状态、日常习惯以及她对自己的态度。

从业多年来，我总结出四类常见的衣橱类型：

第一类，衣橱非常整洁和干净、每一件衣服都熨烫得极为平整，一丝不苟地陈列在衣橱里，但是几乎所有的衣服都是黑色、白色和灰色这三种颜色，也很少有配饰，比如丝巾、皮带、项链等。

第二类，衣橱里五颜六色，各种款式和各种视觉印象的单品服饰都有，衣服的数量非常多，一打开衣橱令人感觉眼花缭乱，但是在这些单品之中找不到统一的规律，个性化和设计感的服饰也非常多，并且总有令你感到惊奇的物品出现。

第三类，衣橱容量非常大，有可能有整体的衣帽间，衣橱里有明确的收纳区域，分别摆放和陈列丝巾、裤子、鞋子，等等，衣橱里的服饰大多是品牌款，价值不菲，衣橱有明显整理过的痕迹，衣物摆放得井井有条。

第四类，一打开衣橱就能感受到杂乱无章，服饰的品质感相对较差，品牌的服饰不多，没有统一的风格和调性，有可能连摆放都极其凌乱，能够看到一些起球、变形以及泛黄的衣物，有些衣服上的贴烫画和水钻也已经变旧和掉落。

思考一下，你的衣橱属于其中的哪一类或是哪几类呢？其实，衣橱也是一个人个性和情趣的展现，你对生活的态度，也悄然隐藏在你的衣橱里。

第一类衣橱的主人，通常非常严谨和理性，这类衣橱的主人往往是事业型的女性，而且还是相对偏理性的事业型人。黑白灰程度极高的衣橱的主人，通常工作和生活方式也是利落和简洁的，比较怕麻烦，不会特别关注时尚和搭配的资讯，更多的是为目标感服务。在我的客户里，许多企业的 CEO 和高层管理者，都是这个类型，还有一部分人是因为受职业的影响，比如律师、公检法等严肃职场的工作者，他们日常衣橱的色系也会非常单一。

第二类衣橱的主人，通常在思维上很有跳跃性，他们热爱生活，喜欢新鲜感，总是希望有不一样的体验，因此他们的形象和服饰也非常多变，许多设计师、时尚行业的人士的衣橱都是这个状态。不同的服装元素能够帮他们不断创造灵感，带来源源不断的新鲜感，展现他们的生活激情和热情。

第三类衣橱的主人，通常都对生活和物品的品质有比较高的要求，在意品牌或者服饰的面料成分，对于服装的版型也很有研究。他们的生活水平一般都处于中高层次，对于健康饮食、生活方式和外在形象都比较关注。

第四类衣橱的主人，普遍来说，对于自己的生活没有太多的计划和要求，有一部分可能生活上比较迷茫，找不到生活得更好的方式，也没有好好地爱自己和养成认真对待当下的习惯。服饰对于他们来说，也许只是生活的必需品，而不是一种提升生活品质的物品。

其实，对一个人来说，衣橱的真正含义远不止是存放日常衣物的空间，更是生活习惯和生活方式的体现。通过管理衣橱，你能够优化你的衣品，甚至能够重新定义和选择你的生活方式。衣橱是一个人微缩的人生状态。衣橱生态系统的建立也能够帮助你长期地避免资源的浪费。

通过多年的专业实践经验，我总结了衣橱管理的三个步骤，分别是淘汰置换、合理配置、恒定衣橱。接下来我将逐一为你解释，你也可以对照自己衣橱的情况，为它做一个体检。

第一步：
断舍离，为过往的错误买单

认真地为过往的错误买单是正确开启崭新生活的第一步。因此衣橱管理的第一个步骤，也是我认为的最重要的一个步骤，就是淘汰置换。衣橱由你日积月累的审美品位累积而成，正如我前面所列举的四种常见的不同类型的衣橱，都是衣橱主人无意识地重复的结果。因此，掌握淘汰置换的原则是管理好衣橱的关键。

做衣橱的淘汰置换时，我建议你找一处完整空置的桌面，或是腾出你的床铺，找一张干净的床单铺上，然后把衣橱里所有的衣服全部移出来，铺开在桌面上或者床上，再统一整理。需要提醒的是，切忌只拿几件出来整理。因为衣橱里可能有很多衣物是常年被你遗忘在角落的，如果只移出来一小部分，就很难直观地判断和分析你的衣橱里究竟有多少件衣服，有多少件重复的款式。只有全部移出来，才能一目了然，整理也才最有效率。假如你的衣橱里衣物实在太多，也可以考虑按季节整理，或者按两个季节整理，通常可以将春季和夏季的衣物放在一起，秋季和冬季的衣物放在一起。

当衣橱里的衣物被全部取出之后，你就可以直观地打量你的衣橱构成了，常常有客户直到这一刻才发现，自己的衣橱里竟然有这么多的物品，其中不乏已闲置很久的衣物。此刻，你就可以开始动手淘汰了。究竟什么样的衣物最应该淘汰呢？**下面提供几条淘汰法则供你参考：**

严重变形、起球、破洞、染色、泛黄的衣物就扔了吧

尤其是一些白色衣物，例如白衬衫或者白 T 恤，即便

是洗净之后才放入衣橱的，也会随着时间的推移泛黄发旧，这一类衣物建议你果断淘汰。依据过往服务客户的经验，我发现总有一部分节约型的主人舍不得淘汰小面积发黄或者破损的衣物，比如有些衣服领口或者下摆有一点点污渍，他们会说："应该没什么吧，这么小别人不会注意到的！"我们不妨做一个小试验，试想一下，你是否曾注意到别人身上的小污渍呢？是不是会有那种不经意瞥到，隐隐不舒服，却抹不去也忘不掉的感受？我曾经在课堂上做过一个试验，那一堂课的 50 位学生，都是衣品零基础，没有学过服饰搭配的。那天我做了一个小互动，让每一个人都走上台，剩下的 49 位学生说出他们眼中这个人身上最不和谐的地方。互动的结果是，这些非专业的人士能够准确地说出他人身上任何一个细微的不和谐，虽然他们对于服饰搭配完全不了解，但并不影响他们意识到他人的不和谐之处。这说明在他人的眼中，即便是一块很小的污渍，也会变得极为刺眼和醒目，衣服的装饰作用也会因为这些小问题而大打折扣。所以，淘汰有瑕疵的衣物是第一条法则。

两年以上的衣物就扔了吧

对于很多人来说，闲置衣物是衣橱里的“鸡肋”，食之无味，弃之可惜。尤其是对于喜欢买买买的人来说，闲置衣物的数量并不少，其中不乏冲动消费的结果，有一些甚至从未穿过，连吊牌都没有摘掉。每当我提出帮客户淘汰他们的闲置衣物时，主人都会对这些闲置衣物表达出惋惜和不忍。他们常常会说“这件衣服虽然现在不常穿，但是留着，说不定未来还可以搭配其他的衣服呢”或是“这件衣服我买来连一次都没穿过呢，淘汰了实在太可惜啦”，这些都是常见的情况，就好比购买一个新的家电时配赠的包装盒和说明书，你可能会认为“万一有一天，电器出故障的时候，我能够用得上”，于是，储藏这些包装盒和说明书成了随手的习惯。然而，日积月累，家里的说明书堆积如山，真的等到有一天家电坏掉，或许你根本找不出对应的说明书在哪里。在房价日益增长的今天，家里的每一个角落，哪怕只有一平方米，也价值不菲，与其用来等待这概率极低的“万一”，不如腾出空间，让家里更清爽。假如电器真的出了故障，能够解决的途径也并非只有说明书。衣橱也是如此，与其等待这种万一，不如提高整体的衣物利用率。减少闲置，就是提升整体衣物利用率的极佳途径之一。建议你从忍痛淘汰闲置衣物开始，提醒自己，未来务必购买自己特别喜欢的衣服，不要将就和随意购买。

完全不适合你现在的年龄、气质和身型的衣物及完全过时的衣物，全部丢掉吧

理论上，淘汰这类衣物大部分人能够接受。也就是说，每个人都会不定期地舍弃一些不适合自己的物品。然而在真实的生活中，你可能并不会那么严格细致地要求自己。还有另一种可能，就是你完全不懂得哪些是适合你现在的年龄、气质、身型的，哪些衣物已经完全不适合现在的你了。人的形象每 5 年都会有大的变化，年龄每增加 5 岁，身份、身型和气质都会改变，5 年前的衣服，通常很难再适合现在的自己了。同时，时间越久的衣物通常越过时，服饰设计元素每年都在更新和迭代，这是时尚界制造出的游戏规则，即便是经典的服饰，也会在版型和配件上做改动。假如细心观察，你会发现，今年流行喇叭裤，明年流行窄脚裤，后年流行老爹裤，时尚趋势年年在变，大

众审美也随之进化，5 年前的服饰，不需要专业人士，就连普通人都能很快感受到它过时的气息。这些服饰没有留存的必要，也不要总期望一件衣服能够传承。所谓的复古感，是在当今时尚感的基础上，添加复古元素和气息，并不是真的要穿多年前的衣物。

第二步：买些合适的衣物，配置你的衣橱

对于衣橱的合理配置，有一个经典的配比法则，无论你的衣物数量是多还是少，都可以使用这个法则。

这个法则叫作“631 法则”，也就是说，一个衣橱在色彩的配比上，应当有 60% 是基础色，比如黑色、白色、灰色、驼色、米白、咖色、卡其色等；有 30% 是彩色，比如深深浅浅的红色、橙色、黄色、绿色、蓝色、紫色等；最后剩下的 10% 是花色或者拼色，例如有图案的或者有图纹的色彩，或者是多色相拼接的颜色。

同时，在衣物的款式配比上，应当有 60% 是基础款式，比如一些经典常用的西装、白衬衫、T 恤、针织衫等；30% 是带有设计感的服饰款式，比如灯笼袖的设计、斜线剪裁的裙子或是露肩款式的毛衣等；最后剩下的 10% 是配饰，比如丝巾、腰带、帽子等，不要小看这些配饰，虽然它们只是点缀的单品，但在整体搭配中往往最能创造出差异化和辨识度，最能令人眼前一亮，假如配饰运用得当，会有意想不到的惊喜效果。

第三步：

别再买买买，打造恒定衣橱

631 法则不仅能够保证你的衣橱色彩和款式完整不缺失，并且能够帮你在这个合理比例的基础上做出更高效的搭配方案。除了 631 法则，在衣橱的数量管控上，我还有一个小小的心得，叫作“恒定数量法则”，也就是说，尽量让你衣橱里的衣服处于一个恒定的数量，保持动态的平衡和更新。具体做法是，根据你自己的需求，给每一类单品设定一个数量的上限，比如鞋柜里保持 10 双鞋子的数量，或是冬季 10 件外套的数量，每当你想购买一双新的鞋子或者新的外套时，就从原有的 10 双鞋或 10 件外套里挑出一双或一件相对不太喜欢的或者想要淘汰的，再把新的单品放进衣橱，这样你的淘汰整理就不是随着季节发生，而是随着你购买新品时时更换，既保证了衣橱的新鲜感，又能够让你将购物欲望控制在合理的比例内。这个法则尤其适合一些衣橱超负荷且没有消费自制力的朋友。原来的我也是如此，每每在店里看到喜欢的新品就忍不住想要下手，但是当我开始启用恒定数量法则之后，我就会提醒自己，先想好要淘汰衣橱里哪件旧的单品，再入手新品，假如所有物品我都很喜欢，不舍得淘汰，那就说明其实我在理性层面并不需要添置新品，完全可以延迟这项新的消费。

衣橱是需要阶段性地调整和更新的。保持衣橱的整洁清爽、配比合理、数量适中，不至于过于烦冗，都是为了更好地为选衣做准备。因为，当衣服太多的时候，你就无法很快地找到想要的那一件，从而增加了选衣和搭配的难度。

“选”比“搭”更重要

好的衣品是在选的基础上，

搭出最大化的效果。

在绝大多数人的观念里，好衣品的奥秘在于搭配。每次在活动沙龙之后，都会有客户围着问我她身上的某一件衣服应当如何搭配才好。搭配固然是重要的，比如社交媒体上的时尚达人用非常平价的单品也能搭配出超级时髦的穿衣效果来。然而，我想要带给你一个更重要的观念，就是“选”比“搭”更重要。好的衣品是在选的基础上，搭出最大化的效果。

单品的选择凝聚了一个人的衣品和搭配效果最大化的审美智慧。社交媒体上的时尚博主虽然使用的是平价的大众品牌，但别忘了，他们并不是随机地选择，而是在成百上千的品牌单品中做出的最优选择。假如你也想要达到同样的效果，我建议你千万不要在网上或者店里找类似的款式，最好是直接记录下时尚博主推荐的款式编码，去店里购买同款。类似款式的白衬衫有许多种，但并不是每一种都能够搭配出同样的视觉效果。时尚博主们看似不经意的选择，蕴含了他们的审美品位和穿衣智慧。

对于来找我进行形象管理的客户，如果需要系统化地帮他解决问题，我首要的步骤就是去他的家中，帮助他检索衣橱，淘汰那些用尽洪荒之力也无法拯救的“错误单品”。错误单品通常有三个明显的特质：

第一，衣服过于有辨识度，很难跟其他单品融合和进行搭配。

这类衣服通常不是基础款式，上面有明显的图案或者特殊工艺，基本上一眼就能被记住。这种衣服的好处在于，假如你需要去某个特别隆重的场合，那完全可以选用，因为它的与众不同能让你很快脱颖而出。但这样的款式，只要先后出现在三个社交场合，我就不建议你再穿了。因为它过于与众不同，出现三次之后，几乎你身边所有的朋友都知道你拥有这样一件衣服了，并且由于它的特别，任何一件服饰与它放在一起，都无法抢过它的风头，对方的注意力依然会被它吸引。越与众不同的单品，越容易造成审美疲劳，第一次出现的时候令人耳目一新，三次以上就容易失去效用，反而令人腻味厌烦。因此，在购买这类型的服饰时，尽量提前做好心理准备——这不是一件百搭的单品，只能在偶尔的重要场合使用。在使用时，应尽量避开同一群观众，这样可以适度增加它的使用期限。

第二，明显不适合主人的风格。

对于如何判断一件衣服是否适合自己，我在前一章节里已经有详细的阐释，这里只简单地举例。明显不适合的单品之所以会出现在主人的衣橱里，多半是主人的个人喜好所致，比如我常常在一位长相极其大气的客户家里翻出一条有着可爱的蕾丝边或者小碎花的连衣裙，这样的单品完全不适合客户的长相，但是符合她的内心喜好。我对此的建议是，把不适合自己但是又喜欢的元素转移到家居服、睡衣或是内搭上，而严格挑选外穿的服饰。比方说，喜欢蕾丝元素的客户，可以选择蕾丝的睡裙，或者用西服内搭的蕾丝边替代外穿的蕾丝着装。将自己的喜好控制在小范围或对内展示的时刻更为适合。外穿且明显不适合主人风格的衣服就属于选择错误的单品。

第三，衣服看起来品质低级或是审美低俗。

在一件充满高级感和品质感的衬衫的衬托下，一条普通的牛仔裤都能显得更加有气质；而在一件品质低级或者审美低俗的衬衫的衬托下，哪怕再好的牛仔裤，也会黯然失色。放弃品质低级或是审美低俗的衣服，是对整个衣橱最好的保护。那么，如何判定品质低级和审美低俗呢？价格是一个判断标准，一般来说，一件 500 元的 T 恤的品质和审美是优于 50 元的 T 恤的。同时，低价单品如果采用烦琐或者复杂的设计，通常审美评级不会太高，建议在购买时慎重选择。

具备以上三种特质的错误单品，如果已经出现在你家的衣橱里，那我也不建议你再花更多的时间去费心搭配或者盘活。原因在于，即便你花了很多时间和心思，也未必能达到更好的效果，不如果断放弃它们，选出真正适合你的、利用率高的且易于搭配的单品。选对一件单品，就能让你整体形象的打造事半功倍。

在选衣时，要学会做三项重要的选择：第一是学会选主角单品，因为主角单品决定了你今天着装的整体基调；第二是学会选经典款单品，好的经典款单品是投资，不是消费；第三是学会选场合单品，把握好场合分寸感。接下来我们逐一说说关于选衣的小技巧。

选对 Key Piece，快速搭出好衣品

所谓 Key Piece，指的是你今天出门即将穿在身上的主角单品。就如同一部电影，所有的剧情表达很大程度上依赖于演员，而男女主演几乎决定了这部电影的段位，好的主演能让电影熠熠生辉。服饰搭配也是如此，当你定位出今天谁是“主角”之后，其他的“配角”就很容易选择了。

主角单品是整套着装的主要基调的体现。在绝大多数人的认知里，主角单品肯定是一件外套或者一条裤子，但

实际上，你还可以更加发挥想象力。主角单品可以是一件风衣、一件马甲、一条裙子，也可以是一个包包或者一条皮带，总而言之，就是今天你希望重点突出的元素。就像看时尚博主的穿搭一样，当看到她的整体搭配时，你第一眼看到的往往就是整套服饰里的 Key Piece。如图 4-1 的搭配，Key Piece 是上半身的黑白格纹的内搭，其他服饰都是从黑白格纹中提取的相应元素作为辅助，组成了整体的视觉形象。

所以，在每天选择搭配的时候，你不妨试着先定义今天的主角单品，比如当你选择了一件非常酷的机车马甲时，那你今天传达的整体感觉就是以“酷”为主标志的，其他上下装及配饰都要选择匹配酷标志的单品。如果你的 Key Piece 选择了一件雪纺面料的连衣裙，那么你传达给别人的就是比较温柔甜美的感觉，其他鞋子、帽子等都要选择合适的单品表现温柔感，而不是选择风格大相径庭的皮革配件。

在选择每日穿搭时，不妨尝试先找出你今天的 Key Piece，再在主角的基础上搭配和它相匹配、相呼应的其

图 4-1

他小物件。当你选好了 Key Piece，就会给别人留下一个清晰的焦点和重点，他们也就读懂了你今天想表达的核心风格。假如今天你需要参加一个重要的工作或社交场合，那么这个 Key Piece 就需要根据场合来选择，而如果今天只是休闲的度假时光，那么 Key Piece 就可以根据你的心情来选择啦！

或许你会好奇，Key Piece 只能是一样吗？还是可以同时有几样呢？其实，在高段位的穿搭法则里，可以同时有两件能够融合的 Key Piece，也就是我们常常说的混搭，但是对于搭配能力一般的人来说，先掌握好一件 Key Piece 的穿搭法则会更为实用。Key Piece 就像小时候写作文时的主题中心词或者主题中心句，当你定下了主基调，其他的文字就可以围绕这个中心句来阐释和表达。

选对值得投资的单品：经典永不过时

经典款单品是当之无愧的衣橱里最值得投资的单品。

购买服饰是一种消费行为，而购买经典款单品是一种投资行为。假如你关注奢侈品皮具的市场，就会发现一个有趣的现象：香奈儿经典款的 2.55 包包几乎每年价格都在上涨，而爱马仕的铂金包几乎常年缺货，而且需要配货才能买到。虽然这么看来一个限量款的包包比经典款的包包更加昂贵，并且产量非常小，但是在二手奢侈品回收的市场，经典款的包包却更受欢迎，而限量款的包包很有可能无法出手。

在服务客户的过程中，我一直坚持"价值投资法则"。当你购买具有长线价值的物品时，它们未来帮你创造的收益是上升的。就衣品来说，这条经典的法则也同样适用——衣服不仅仅是消费品，当你学会了合理配置衣橱的比例及把有限的预算花费在正确的单品上时，你就可以把本不该浪费但总花出去的钱节省下来，并有的放矢地投资在有品质感和值得长期持有的单品上。用一句耳熟能详的话来形容，就是坚持"只买对的，不买贵的"。与其胡乱采买一些很容易过时的流行服饰，不如省下这些预算，用于投资更高品质且利用率高的经典款单品。

下面推荐三类值得投资的单品：

第一类，款式经典、辨识度不高、造型感不强的外套。比如材质精良的白衬衫、气质感的风衣、剪裁精细的小西装，等等。经典款的单品版型合体，材质和面料都十分精良，可以多年重复使用，并且经典的元素通常都很容易搭配，只要稍微更换一些配饰和内搭单品，就能轻易变换出不同的感觉，因此这类单品值得花费更高一些的价格投资购买。

在投资经典单品的时候，也不妨注意一下色彩，尽量选择经典的色系，比如一些基础色系或者大地色系，就如同眼影，即便有再多色彩的眼影盘，最高频次使用的依然是经典的那几个颜色。经典的色彩加上经典的款型，就构成了一件不易过时的经典单品。

第二类，高品质的配饰。配饰的品类有很多，常见的比如项链、戒指、手镯、手表、皮带、耳环、帽子、鞋、包，等等，还有一些平时用得不多，但也建议收集和投资的物品，比如胸针、丝巾、袖扣、名片夹、卡包等。配饰的体积较小且易于保存，如果是装饰性的配饰，一般费用不高，并且能给整体造型带来强烈的画龙点睛的作用；假如是一些奢侈品牌的配饰，相比大件的服饰和皮具，性价比非常高，花小价钱也能够有大牌感，而且可以长久保存，在一些重要的场合能作为不错的行头，增加气场。

在日常的穿衣搭配中，我会配置很多的小配饰，比如千鸟格的小丝巾、复古金属扣的皮带、垂坠的耳环，等等，有时候哪怕身上的衣服极为简单，只是一件白T恤和一条牛仔裤，加上这些配饰之后，整体的时髦度也会增加。在我的衣橱里，衣服可以简单，但配饰的品类一定要丰富，既要有英伦严谨感的，也要有美式街头感的，还要有法式浪漫感的。在丰富的视觉元素的变化下，搭配才能更加游刃有余。

第二类，能够完美修饰你身材雷区的单品。几乎每一个人都有自己特别介意的身型问题，比如大腿特别胖、手臂过粗等，我们将这些存在身型问题的部位称为身材雷区。修饰你身材雷区的单品，值得你多花钱去购买和投资。

我的身材雷区是大腿，相对于我的身型来说，大腿总是感觉肉肉的，在买衣服时，对我而言，挑到一件好看的上衣非常容易，但是挑到一条好看的修饰大腿的裤子就很困难。我曾经在普通的时装店里尝试过很多款式，发现都不能解决我的问题，最后我找到一家以裤子为主打的品牌，虽然他们价格比其他家高，但对于版型的研究的确非常精细，让我成功找到了能解决我雷区问题的裤子。

我总结出一个规律，就是在身材的优势部位，你可以花最少的预算投资，而在身材的雷区部位，你需要花最高的预算，去买到最适合且最能修饰它的单品。

选对场合单品：你的万能穿搭指南

除了选对主角单品和经典款单品之外，还有一样单品是值得用心挑选的，那就是场合单品。对于绝大多数人来说，穿衣像是一个随机性的事件，出门的那一刻想到穿什么就随手套上，而极少有人在每天出门的时候能够明晰自己的穿搭目标。

或许你只有在需要出席一个非常重要的场合或者见非

常重要的朋友时，才会在意穿什么，因为这时候你在意对方的评价，至少不能失礼于人。然而很多时候遇见的人，都是非计划内的，每天遇到的人都是未知的，倘若在这种不期而遇的情况下，你发现自己的穿戴不够得体，甚至过于随意，你会不会因此而感到局促不安、懊恼不已呢？

解决这个问题的关键就在于，要学会选对场合单品，而场合单品的选择需要你提前设定穿衣目标。清晰的穿衣目标就像一个行动指南，包含了场景定位、你的角色、你期待的效果等，据此来选择一日的着装，能够在最短的时间内帮助你事半功倍地展现自己，同时保持一整天的自信状态。

关于选择场合单品，我总结了三种穿衣方法分享给你：

场景穿衣法——你今天出席的场合的场景感，决定了服饰的正式和隆重程度。

角色穿衣法——你今天在这个场景里的角色，决定了你的装饰程度。

效果穿衣法——你想要达到的印象效果，决定了穿衣设计感的强弱。

场景穿衣法：你今天出席的场合的场景感，决定了服饰的正式和隆重程度

快速分析你今天将要出入的场景，想象你在场景中的状态以及场景中将会出现的人物，场景的整体感觉决定了你今天服饰的正式程度和隆重程度。

举个例子，今天你要出入这几种场景：白天去某家银行进行商务会议，工作结束之后会有一个私人银行的高级晚宴。从这一天的日常安排来说，参加商务会议需要穿正式的商务套装（白色衬衫 + 黑色半身裙），晚上参加晚宴则需要穿有商务性质的礼服和晚宴套装。假如中间有从容的时间间隔，你可以携带一条适合参加商务酒会的连衣裙，晚间做好衣物的更换。但是如果时间不允许，那么最好的穿衣方式是白天在选择商务套装时，内里选一条能够两用的裙子，同时再准备一些晚宴使用的首饰，如戒指、耳环和披肩等。而你的行程如果是和闺密逛街以及参加女儿的家长会，那么相比第一个场景，服饰的正式程度和隆重程度就要低很多，你可以选择相对轻松和便捷的服饰。

如果是隆重和正式的场景，或者是与陌生的朋友会面

的场景，你的服饰选择相应地需要隆重和正式；如果是轻松和自然的场景，或者是与熟人会面的场景，你选择服饰的正式度可以相对降低。

在衣橱中，哪些款式会相对正式、哪些款式又比较舒适轻松呢？有个小法则你可以记下来：长袖比短袖更正式、有领比无领更正式、长裙长裤比短裙短裤更正式、硬挺类的面料（如风衣、毛呢大衣）比柔软类的面料（如雪纺、羽绒）更正式、硬朗带肩线的版型（如西装）比弧度无肩线的版型（如针织开衫）更正式。

每天选择衣服时，不妨遵循这个小法则，结合当天要出席的场景来选择穿衣的正式程度和隆重程度，如果根据这个法则选择了衣服，但依然觉得不够正式，那你还可以考虑将两件正式感的单品叠加，比如带领的衬衫叠加西装外套，就会显得比无领的衬衫叠加西装外套更为正式。

角色穿衣法：你今天在这个场景里的角色，决定了你的装饰程度

先定位即将出席的场合中你的身份角色，以此决定服装的装饰性到几级。

服装的装饰性分为5个级别（1级代表装饰性最弱、5级代表装饰性最强），当你确定了对应场景的身份角色的重要性，就可以根据5个级别选择对应的着装。

所谓装饰性，可以根据妆容的浓淡、配饰的多少、服饰款型的变化程度、色彩的鲜艳程度以及服饰的光泽闪耀程度来决定。5级装饰性指浓妆、艳丽的色彩、夸张的款型、闪光珠片的材质以及大个儿的耳环或项链，最典型的角色为春节晚会主持人的着装；3~4级装饰性指中度妆容、不过于艳丽或夸张的色彩、略带设计感的款型、亚光或者弱光泽的材质；1~2级装饰性指淡妆、柔和的色彩、简单设计的款型、亚光的材质，接近于日常的装扮。

这种通过角色来定位穿衣风格的方法，最大的好处就是可以保持得体的分寸感，永远不会抢别人的风头，在任何一个角色中都能令人感到舒服。一个很简单的例子就是婚礼，在这个场景中新娘是绝对的主角，伴娘是配角，最基本的礼节就是保证新娘是最耀眼的那一个，因此新娘的装饰性要达到5级，而伴娘即便容貌再美，在这个角色里，也不能抢了新娘的风头，因此伴娘的装饰性通常在3

级左右，而宾客在 2 级左右就是最得体的了。

同样，如果现在是在一场发布会的现场，而你是即将登台的主持人，那么在这个场景下你扮演的角色十分重要，也是观众瞩目的焦点人物，当天服装的装饰性就需要用到 4~5 级；假如你是发布会邀请的一位需要登台演讲的嘉宾，只需要在台上出现 15 分钟左右，那你的服装装饰性就可以相应降低到 3~4 级；若你只是一位来现场旁听发布会的观众，那么角色对应的服装装饰性只要 1~2 级就可以了。

效果穿衣法：你想要达到的印象效果，决定了穿衣设计感的强弱

即先想好今天希望带给他人的视觉印象是什么，想给别人留下什么样的印象，再通过印象效果来倒推你衣着上的设计元素的数量，以终为始地思考你的穿着。

假如你今天要去一个陌生的新朋友的聚会，你希望现场所有新认识的朋友都能对你产生好的印象并记住你。那从穿衣角度来看，如果你身着简单朴素的白色连衣裙，就没有太多的视觉识别点和记忆度，而如果你加入一些设计

元素，比如一身黑白配色的不对称剪裁的连衣裙，再加一对夸张的大耳环，就很容易成为现场的视觉聚焦点，被新朋友们记住。

其实这个法则也经常被一些艺人使用。艺人想要被更多的观众记住，那在屏幕上就需要有自己的视觉区隔感。比如《康熙来了》的主持人蔡康永，他常常在肩膀上放一只装饰性的小鸟，还有《乘风破浪的姐姐》第二季中宁静的哪吒发型等，这些都是鲜明的视觉记忆元素。反之，如果你希望在场合中特别低调，不希望被任何人看见和记住，那么很简单，你要避免在身上运用任何的设计元素，而采用柔和的色彩和最简单的款式，其中灰色就是最为低调和最不易被记住的颜色。

要在不同场合形成不同的效果，穿的衣服就要不一样。比如在一个相亲的场合，希望形成的效果是给对方留下性格温柔、富有魅力的印象，那么以此倒推，你就可以在身上加入一些女性化的设计元素，比如一枚花朵胸针或者一副轻柔的珍珠耳环。而在一个商务谈判的场合，你期待的是达成谈判的共识或让谈判对象感受到你个人的力量感和权威感，那么这时就需要在衣着上加入一些具有力量感的设计元素，比如一个硬挺的商务皮包、一个高级的商务笔记本和一支签字笔，当你把这些无声的物品放在谈判桌边的时候，就能自动向你的谈判对手诉说你是谁、你的价值和你的专业严谨。

这几个穿衣法则是日常最易上手的，在它们的帮助下，你的衣橱能够帮你发挥出更大的价值，当然，前提是你已经开始察觉到它们的重要性，并且能够尽可能地去练习自己对于参与场景的分析和目标的清晰设定。通常第一次很难精准定位，但你可以在每日的练习中越来越熟悉这些着装法则，衣品也会随之慢慢提升。

掌握衣品的呼应法则

营造服饰元素的呼应感，

也是打造和谐衣品的最简易的法则。

营造服饰元素的呼应感，也是打造和谐衣品的最简易的法则。这条法则人人都可以轻松掌握，但却经常在实际应用中被遗忘。呼应法则的原理很简单，当你每天用眼睛捕捉视觉信号时，看到相同或者有重复性的符号，你的大脑就会自动产生和谐、愉悦的感受。就像玩连连看游戏，在相同或重复的符号发生碰撞、连线消除的那一瞬间，你会感到快乐和满足。

回到日常穿衣中，我的心得就是在每一天的穿搭中，都运用视觉元素的呼应法则，用得越多、越流畅且不显刻意，就越能穿得好看且不出错。

每日穿搭基础法则：色彩的呼应

简单来说，就是让身上的服饰色彩不止出现一次，而是重复出现 2~3 次。如果你今天穿了白色的内搭、黑色的裙子、蓝色的外套，那么在白色、黑色和蓝色这三种颜色中，你可以选择一种或者几种进行多次的呼应，比如可以用蓝色的鞋子呼应蓝色的外套，也可以用白色的皮包呼应白色的内搭，还可以用黑色的耳环呼应黑色的裙子。只要上下半身的单品色彩发生重叠，就会令人产生舒适和谐的既视感。

在运用色彩的呼应法则时，可以选择完全相同的色系呼应，也可以选择深浅不同的同一色系，比如，深绿色呼应浅绿色，深紫色呼应浅紫色。还有一种色彩呼应是比较接近的色系之间的呼应，比如卡其色和驼色的呼应，虽然色度有细微的不同，但是放在一套着装里时整体上也能够呈现出呼应的效果。色彩的呼应法则是每日基础穿搭中必用的法则，只要上半身和下半身之间有一处色彩产生了呼应，那么这种色彩承接感就发挥了作用。

如果你没有太多色彩的服饰，那也无须刻意找寻两件不同的单品来完成色彩呼应，有时候只需要在身上做一点设计就可以，比如图 4-2 中，黄色的内搭被一件外套分开，露出的两截自然就形成了呼应，而有时候穿着长袖衣服时，不妨把外套的袖子略微挽起来一些，让内搭的袖子露出来一节，这样胸口前襟的色彩和袖子部分的色彩就会自然而然形成色彩的呼应。

每日穿搭基础法则：服饰元素的呼应

除了色彩的呼应之外，还可以运用服饰元素的呼应。服饰元素包含服饰的图案、有风格感的单品等。打个比方，如果你今天选择了一双黑白千鸟格的鞋子，那么就可以考虑配搭黑白千鸟格的手提包或者黑白千鸟格的发夹。当图案元素在你的身上重复出现时，就很容易产生呼应的和谐感。不过，选用图案的呼应时，不要重复出现超过三次，因为图案的视感比色彩更为明显，过度的呼应反而显

图 4–2

得腻味，一到两处的呼应则恰到好处。

在服饰元素的呼应中，你还可以选择同一风格感的单品进行呼应，比如今天你选择了一件海军风的服饰，那么除了选用蓝色海洋系风格的裙子之外，还可以考虑在提包上出现海军军舰的船锚等类似的元素，这样一组同风格感的元素呼应，往往既有情景氛围感，又时髦有趣。

这种服饰元素的呼应感，不仅可以运用在你自己身上，而且在和闺密拍照或者和家人拍照时，都可以用到。比如今天的闺密照选定的主题是东方元素，那么你的着装上就可以出现东方气息的花草，而闺密的服饰上则可以出现东方气息的风景画，这样当画面合并在一起的时候，尽管服饰不完全一样，但还是多了几分耐人寻味的组合感。家庭照也是如此，比如今天的主题元素是牛仔，那么妈妈可以穿着牛仔衣，爸爸可以穿着牛仔裤，而宝宝可以拎一个牛仔背包，这样一家人的呼应感也会显得既生动又有趣味。

每日穿搭基础法则：材质的呼应

许多人容易忽视服饰的材质，但其实材质和面料是最影响服饰搭配的高级感和细节感的因素。材质的呼应也是最有讲究的。比如今天你选择了一条蕾丝面料的半身裙，那么你也可以选用一件蕾丝的抹胸，这样上下就形成了呼应的关系；再比如你今天选了一件牛仔马甲，那么你也可以用牛仔裤作为材质的呼应；同样，皮衣和皮靴的呼应，也属于材质的呼应。

如果说同一种材质的呼应是基本的使用方法，那么更高级的材质呼应的方式，是不强调材质的完全统一，而按面料的软硬、粗糙感和光泽感来区分，柔软的面料有雪纺、真丝、纯棉，硬挺的面料有皮质、牛仔、毛呢。一般来说，一套衣服最优的材质选择是软硬搭配，但柔软的材质也可以跟柔软的材质相呼应，比如你今天选择了一条雪纺的半身裙，那么用真丝的丝巾做呼应就能增强整体的柔软感，而当你选择牛仔外套的时候，可以考虑用皮鞋做硬材质的呼应。在此需要强调的一点是，材质的呼应适度就好，过多则容易产生“油腻感”。在选取每一套服装时，需要反复比对和斟酌，根据实际效果进行改进，就像煮饭时添加调味料，多一分则浓，少一分则淡，唯有不断调整，才能达到最佳口味。

显瘦显高的
垂直线法则

在视觉上，水平线条和垂直线条给
肉眼留下的感受是不同的，与水平线条相比，
垂直线条更容易让人产生视觉上的延长感。

大多数人都希望显瘦显高，这种诉求在形象管理的案例中尤为普遍。在这里给大家分享一条每天都可以用到的显瘦显高的法则——垂直线法则。在视觉上，水平线条和垂直线条给肉眼留下的感受是不同的，与水平线条相比，垂直线条更容易让人产生视觉上的延长感。水平线条，由于是横向拉宽的，应用在服饰上，会令人显矮、显宽、显胖，而垂直线条应用在服饰上，则会令人显高、显窄、显瘦。在日常的穿衣搭配上，你可以多利用垂直线法则在身上制造竖线条的视觉效果。

这里分享垂直线法则在日常穿搭中的三种应用方法。

运用服饰色彩的连贯性，实现快速入门

运用服饰色彩的连贯性来打造垂直线，是最容易的一种方法。上下半身的色彩保持一致，或者是顺色承接，都能够在视觉上形成色彩的垂直线条，比如同色系的职业套装，运用的就是色彩的一致性法则（见图 4-3）。我常常会看到一些在色彩上横切或者隔断的例子。比如，上半身红色系、下半身绿色系，这种色彩的分离让上下半身之间形成一条明显的分割线，容易造成五五分的既视感。或者男士通常会使用的腰带，假如颜色和上下半身的衣服颜色不一致，那么就成了非常明显的色彩横截线，人的身材连贯性就会被严重破坏；此外，如果腰带颜色和上半身相同，和下半身不同，那么就容易使上半身显长。

如何遵循色彩连贯性的规则呢？比如，如果你上半身的外套用到了蓝色系，那么下半身的裤子或者半身裙也可以使用蓝色系；还可以用深浅渐变的同一色系进行搭配，比如上半身用米色调，下半身就用咖啡色调，也是很好的色彩承接方法。

图 4–3

同时，你还可以通过色彩的反差来打造 V 型领口——纵深的 V 型领也是垂直线原理的运用。虽然不一定每一件衣服都是 V 型领，但是我们可以通过色彩的对比轻松打造出 V 型领来。分享一个简单的小方法：一件深色系的内搭，外加一件浅色系的常规款衬衫，当衬衫领口开到三四颗扣子的时候，露出的前襟部分就自然形成了一个人工的 V 型领（见图 4-4）。

图 4–4

运用服饰图案的连贯性，轻松打造显瘦显高视感

在服饰图案上运用垂直线法则，比如在全身选择统一图案的花色或者面料，就能够轻松打造出显瘦显高的视感。花色连衣裙和连体裤的搭配就是运用这个原理。连衣裙和连体裤大多是用同一块面料做成的，这种花纹和图纹元素的上下垂直流动，自然地形成了一种整体的很强的和谐感。

另外一种服饰图案的连贯法则，是通过同一图案元素的呼应实现的。虽然不是同一块面料，但是在使用同一种图案元素的时候，依然可形成视线的连续性，比如，即便颜色不同，但是上半身用到了波点元素，下半身也用到了波点元素，那么就是一种图案的连贯，令人显得更加高挑。

在所有的服饰图案中，竖条纹的图案也是最能够形成视觉延长线的，比如市面上很多显腿长的裤子，假如认真观察，不难发现，它们的侧边或者前方都有一条垂直的压线，这条压线的作用就是增强腿部的视觉垂直线效果，令

你的腿看起来更加修长。近年来还有一种流行的长裤，是在靠近脚背的位置做了正面或者侧面的开口，像是剪刀剪开的一样，这个设计细节也是为了在视觉上制造垂直线，同时让脚部线条更加修长（见图 4-5）。因此，在选择裤

图 4–5

装的时候，你可以留心挑选具有这些设计细节的，从而轻松凸显腿部线条。

通过配饰搭配制造视觉的垂直线，自然显瘦显高

这里再次提到了整体服饰搭配中不可或缺的配饰。配饰的造型多种多样，有圆形、钻石形、方形、条形等，选用这些不同形状的配饰时，也颇有讲究，通过配饰也能够轻松制造出视觉上的垂直线条。

从脸部开始说，通常，瘦长、具有垂坠感的吊坠耳环能够在脸部周围营造出垂直线条，给圆脸和方脸的人形成延长脸部长度的效果。

在颈部的配饰中，长款项链是最好的制造视觉垂直线的方法。你可以选择用长款项链结的方式，将视觉点聚焦到合适的位置，比如长款的珍珠项链就能够通过打结和调整项链结的位置，达到这个效果。相比圆形的短项链，长项链更容易有视觉上的显高效果。

配饰中的丝巾和围巾，只要轻松垂落在胸前，就会有视觉垂直线的效果。除此之外，很多人忽视的一项配饰是扣子，比如长款的风衣和针织衫，只要胸前的扣子纵向排布达到 5 颗以上，就自然地形成了视觉垂直线，令你显瘦显高（见图 4-6）。

图 4-6

以上三种制造视觉垂直线的法则，如果综合使用，效果就能进一步叠加和增强。

莫兰迪色的
高级感

莫兰迪色系摒弃了对人们造成视觉冲击的

大明大暗的颜色，

偏向于降低颜色的纯度。

有人说黑色是最有态度的颜色，白色是最纯洁干净的颜色，所以，黑白是最经典的配色。黑白两色也是我在客户家中发现的最多的基础色。然而，这里需要提醒大家的是，其实用好调和了灰度的颜色，才是搭配的高手。灰是介于黑和白之间的颜色，而充满了高级感的莫兰迪色系，指的就是饱和度不高的灰色系。莫兰迪色不是指某一种特定的颜色，而是一种色彩关系。莫兰迪色彩的命名源自意大利艺术家乔治·莫兰迪的一系列静物作品的色调，它是基于莫兰迪的画总结出来的一套色彩法则。

莫兰迪色系摒弃了对人们造成视觉冲击的大明大暗的

颜色，偏向于降低颜色的纯度。这使得颜色散发出宁静和优雅的神秘气息，整体的视感柔和舒适，能够展现出极富魅力的气质。

在整个色彩专业，灰色也被誉为世界上最高级的色彩之一。观察奢侈品牌，你会发现，除了黑白两色，调了灰度的颜色也是特别常用的色彩，这种色彩用在一个人身上的时候，能够更凸显安静、淡然的气质，它不像黑色和白色那么分明和形成对比，它可以和任何颜色相融，形成充满柔和感的色调，通过变换交织的色彩搭配，让视觉更舒服、更和谐（见图 4-7）。

对于我们自身的服饰色彩来说，用好灰色调也是做好搭配的好方法。总有人认为黑色是最百搭的颜色，而事实上，灰色调比黑色调更具有兼容性，也更加百搭。如果你觉得灰色容易显得脸色不好，难以驾驭或者你不适合穿灰色调，那么很重要的原因是你没有找到适合自己的灰色色度，其实，灰色不单只有一种，它有浅灰、大象灰、深灰，等等。其中，最好用的是浅灰色和大象灰（灰色里添加了一点米色），穿上身看起来非常有品质、非常高级。

在其他彩色里面添加灰色，形成的颜色也会显得很柔和，比如雾霾蓝、香芋紫、牛油果绿等。虽然一些鲜艳的颜色会让人觉得明快与活泼，但是添加灰度的颜色会特别耐看，还会使人显得非常有内涵（见图 4-8）。

同时，色彩也有联想感。大地色系来源于自然，更有淳朴的气质，而灰色系来自更加城市化的钢筋混凝土，因此带有浓浓的现代气息，也是都市里较为适合的颜色之一。在我的日常整体搭配中，我很少用黑色做大面积搭配，取而代之的是各种灰色和调了灰度的彩色。即便到了秋冬，也会用一些姜黄色、胎绿色或豆沙红等色彩来搭配灰色，显得耐看、不刺眼。

灰色单穿或与彩色融合，甚至作为搭配色，都会让整体造型变得有质感。如果你不喜欢穿色彩鲜艳的衣服，也不希望常年穿黑白灰，那不妨适当运用一些灰色元素，不同灰调的衣服、有灰调的彩色衣服，都可以丰富日常的搭配。如果你喜欢彩色系衣服，也可以多使用莫兰迪色系的彩色，在多样的搭配中体会穿衣的乐趣。相比黑白分明的视觉印象，多用一点灰色调，会让自己的气质更与众不同。

图 4–7

图 4–8

冬季利用率
超高的洋葱穿搭法

洋葱穿搭法的核心在于，

每当你脱掉其中的一层，

都可以展现出完全不同的搭配感。

洋葱穿搭法是我原创的一套穿衣方法。洋葱穿搭法在冬季利用率非常高，尤其是在一些室外寒冷室内温暖的地方（如日本和上海），这种穿衣方法能够令你不失温度又不失风度。

发明洋葱穿衣法的灵感，来自我自己的经历和困扰。由于工作的原因，我从四季温暖的厦门移居到上海，而上海的四季中最令我困扰的就是冬季。我是一个相当怕冷的人，冬季上海的室外温度比厦门低了很多，但室内场所空调的温度很高。在这种巨大的温差下，我需要不断地穿脱外套以适应温度的转换，而作为一名专业的形象管理教练，我时常需要精心设计自己的穿搭，可冬天的外套要么非常厚实，穿起来显得笨重，要么又很薄，穿着容易感冒生病。一开始，我很容易被这样的穿脱打乱节奏，后来便研究了这套洋葱穿搭法则。在这里需要首先提醒大家的是，由于层叠的搭配，洋葱穿搭法的最佳适用人群是身型相对单薄的女性，而微胖女性则需要酌情选择。

洋葱穿搭法，顾名思义，就是像洋葱一样，一层套一层的穿搭法则。在亲身实践中，我发现洋葱穿搭最多可以叠加到 5 层之多，通过一层层的叠加设计完成整套的装扮。洋葱穿搭法的核心在于，每当你脱掉其中的一层，都可以展现出完全不同的搭配感。伴随着温度的变化，你脱到任何一层，都不会影响整体视觉上的美感。这就要求你每一层都认真研究。

洋葱穿搭法的五个核心要素

第一，除了最外面的一层大衣外套可以使用厚重材质的长款外套之外，其余每一层都必须选用薄款衣服。这一条保证了多层叠加的着装不至于过于臃肿，为此，我建议在购买冬天衣物的时候，更多地选择薄款的内搭、针织衫等，尤其是冬季的毛衣，除了特别有造型感的廓形感毛衣，贴身的毛衣建议尽可能选择透薄的材质，比如轻薄贴身的羊绒毛衣，就很适合做搭配的单品。

第二，每一层的材质都需要有变化，不能使用同一材质，比如分别采用棉、麻、羊毛、羊绒、雪纺、真丝、莫代尔、褶皱材质，等等。材质的不同会让服饰的变化更加细腻，并且更加富有层次感。内外材质相同容易显得腻味，比如真丝衬衫搭配真丝半身裙，就容易显得过于华丽，而如果将真丝衬衫换成棉质衬衫来搭配，效果就完全不同了。如果做不到每层的材质不同，就要注意紧挨着的两层，材质尤其需要不同，但若隔层，则可以使用相同材质。比如第一层是羊绒外套，则第二层不建议搭配羊绒针织衫，切换为牛仔衬衫或者棉质衬衫就会好很多，但是第三层则可以考虑用贴身高领羊绒衫。

第三，每一层在色彩上需要有深浅和层次的变化感。

运用色彩的变化可以做出一些对比感，但是不要过于跳跃，在不同层的色彩使用上，尽量保持一定的内外呼应色，才不至于过度花哨而令人眼花缭乱。

第四，注意每一层的长度设计，从外到内可以由长至短。最外层的外套长度需要基本盖住里面其他层的服饰。在洋葱穿搭上，最外层建议使用完全包裹住身体的长款外套。这样一旦将长外套扣起来，则里面的所有元素都能被包裹住，显得整洁大方。

第五，内外层叠基本上针对的是上半身，而下半身需要选择百搭的单品。在每一层穿搭时，都要对着镜子反复比对，直到确认每一层的上衣和下装都能够搭配为止，要确保每一层的完整度。举例来说，最里面一层为薄款黑色高领打底衫，往外一层穿米色衬衫，再往外一层穿有设计感的羽绒或皮草马甲，最外层为大廓形的长款韩版外套。这样里外四层叠加的洋葱穿搭设计，既解决了冬季室内外温差大的问题，又层层展现出你的穿衣风格，保证你在每一个需要闪亮出场的时刻，都可以既有温度又有风度地亮相（见图 4-9）。

图 4–9

不平均配色
与不对称穿搭

在设计中，

平均或者对称的元素显得规矩、严谨，

而不平均和不对称的设计则更加耐人寻味。

假如你时常觉得一些服装设计新鲜有趣，那不妨观察一下。在设计中，平均或者对称的元素显得规矩、严谨，而不平均和不对称的设计则更加耐人寻味。这条让着装更加新鲜有趣的穿搭法则可分为两个部分：不平均配色法和不对称穿搭法。

不平均配色法

穿搭离不开色彩，色彩是穿搭的灵魂。对于日常穿搭来说，你对服饰色彩的应用，便体现了你衣品的优劣，其中，不平均配色法就是穿衣用色高手常用的搭配法则。

在日常的穿搭中，可以使用三种不同的色彩，也就是说，一套完整的着装应该有主体色、辅助色和点缀色三种。主体色指的是占身面积最大的色块，辅助色指的是占身面积第二大的色块，而点缀色指的是身上小面积出现的颜色。不平均配色法给主体色、辅助色、点缀色规定了面积配比，按照这个色彩比例用色，会更有设计感。具体的色彩比例为：主体色占到全身衣服色彩的 60%，辅助色占 30%，点缀色占 10%。

当色块面积比例平均时，你的整体造型看起来会相对比较平庸乏味，而不平均配色法更容易打造出高回头率的穿搭造型。

根据这一条穿衣法则，在日常的场合中，你可以使用基础色（如黑、白、灰、米、驼、咖等）作为主体色，让整身有了大面积较柔和的色彩基调，在此基础上，再添加 30% 的彩色系以及 10% 的拼色或花色来点亮整体着装。这样的色彩使用方法相对安全，在绝大多数场合都可以使用（见图 4-10）。

图 4–10

另一种高阶的色彩搭配法，是反差色的使用方法。所谓反差色，就是在色相环上形成角度在 120°~180° 的两种颜色，距离越远，色相差越大，对比度越大。例如，红色和绿色最远，对比度最大；红色和蓝色次之，以此类推，在色相环上距离红色越近，对比度便越小（见图 4-11）。

许多人不敢使用反差色的搭配法则，因为色彩之间的差异度越大，服饰造型的视觉冲击力就越大，越不好驾驭，用不好越容易出错。但如果反差色使用得当，就能够制造出格外出彩的效果。

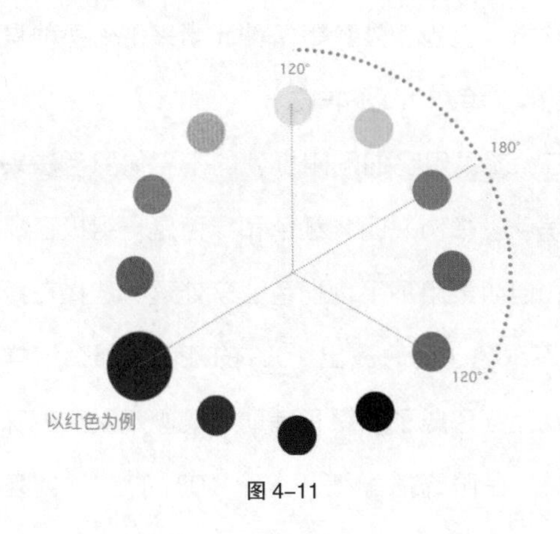

图 4-11

那么，如何制造反差色之间的和谐感，使得穿衣出彩呢？有三个小方法：

第一，选用色彩群中并不是很艳丽的反差色。比如之前提过的莫兰迪色调，当反差色的纯度被降低之后，原本极具视觉冲击感的对比色就会变得和谐且搭调，比如墨蓝色和脏橘色，姜黄色和灰蓝色或者军绿色和酒红色，都是能够和谐兼容的反差色（见图 4-12）。

第二，在两个反差色之间加上一种或者几种隔离色。黑色、白色、灰色、驼色、米色或咖色之类，都能够很好地减弱反差色之间的冲撞感。在服饰搭配中，你可以通过腰带、丝巾、包包、外套等各种元素来平衡两种具有视觉冲撞感的反差色（见图 4-13）。

第三，就是用我们刚刚提到的不平均配色法来处理身上的反差色。举例说明，红色和绿色是一组极容易出错的反差色，但如果用不平均配色法来处理，选择在身上出现 90% 的军绿色，而只露出 10% 的红色，那么这样的不平均配比就让红色成了点缀和辅助，既吸睛又有趣味感（见图 4-14）。在服饰搭配上，这个 10% 的色彩，既可以是

图 4–12

图 4–13

图 4–14

手表的颜色，也可以是包包、鞋子、帽子的色彩，你要尽可能地在自己身上发挥创意。

不对称穿搭法

穿衣焦虑几乎人人都有。尽管每天都在努力地用不同的服饰做搭配，但似乎总感觉平平无奇，没有亮点。其实，无趣感除了色彩的因素，还来自中规中矩的线条。建议你开始尝试斜线穿搭法。

这种突破常规的穿衣方式能够打破视线中的对称平衡感，巧妙地制造出有趣的衣着氛围，最重要的是，这是一种令你看起来更显瘦的穿搭法则。斜线条在视觉上近似于竖线条，用于服饰搭配上时，更容易产生视觉上的垂直延长效应，令你看起来更加高挑纤细。

关于斜线穿搭，有 5 条应用法则与你分享：

发型的斜线设计

均分的发型看起来更具有古典韵味，然而，如果你的脸型比较圆润，那发型的斜线法则就更加适合你。具体的方法是，整理出 2/8 或 3/7 的偏分侧刘海。相比于可爱但容易显得脸圆的平刘海来说，斜刘海更容易打造脸瘦的效果。不仅刘海可以用到斜线的设计，假如你是中等长度的头发，那么，在下巴两侧的头发也可以使用两边不对称的斜线法则——右边剪短一点，左边留长一点，也同样能起到修饰脸部线条的作用（见图 4-15）。

图 4–15

肩部的斜线设计

肩膀周围的斜线设计能够更好地突出锁骨和颈部的线条感，尤其夏天的时候，不妨试着选择一些斜肩款式或微斜肩款式剪裁的衣服，让肩胛骨的部位显得更加性感，有一种微露香肩的感觉（见图 4-16）。还有一些在肩部做出不对称斜线设计的衬衫，也打破了常规款衬衫的沉闷感觉，让人看起来更加时尚和具有魅力。

图 4–16

上衣下摆的斜线设计

平时你也可以手动创造出一些简单的斜线设计，最常用的方法，就是把上衣的下摆塞到裤子或者裙子里，打造出高腰线，让你看起来更有精气神。如果是长款一点的 T 恤，你可以将一边的衣角塞进下装，另一边放出来，打造前短后长或者左短右长的斜线下摆的设计（见图 4-17）。

图 4–17

中长款裙子的裙摆斜线设计

如果你要去参加一个非常重要的社交聚会，那么为了展示个人的风格和魅力，建议你选择一条带有斜线下摆设计的裙子，因为它比起平直下摆的裙子，更具有设计感，更具高雅的气质。很多百褶半身裙都做了斜线不对称的处理，让观者视线自然地落在竖线条和斜线条的剪裁之间，使人看起来更加灵动。这样的一套设计款裙装，能令你在社交场合成为最具视觉吸引力的闪亮主角（见图 4-18）。

裤脚的斜线设计

牛仔裤和西装裤都是非常高频次使用的单品，但普通的牛仔裤和西装裤缺乏造型感，容易被淹没在人群中。有一些牛仔裤和西装裤，在裤面上做了很多特殊的处理和设计，比如色彩、水钻、补丁，等等，这些设计虽然特别，但复杂的元素让裤子变得不易于搭配，几乎只能用简单的上衣来搭。

而比起在裤面上做设计处理的裤子，在裤脚的位置做了不对称斜线处理的裤子不仅能够打破原本平常裤脚的刻板印象，而且由于没有在裤面上过多地做文章，毫不影响裤子的实用性和百搭性（见图 4-19）。在我的衣橱里就有

图 4–18

图 4–19

很多条颜色深浅不同的基础款裤装，但裤脚都做了不同的斜线处理或者水磨边设计。心灵手巧的人还可以将一条穿旧了的普通直脚裤自己动手做创意改造，让原本平平无奇的普通裤子变身为完美修饰脚型的斜线下摆的有趣造型。

依霖的小提示

以上提到的 5 种斜线不对称的剪裁设计和造型应用法则，虽然都非常简单实用、容易出效果，但切记不能贪多。在一整身的造型中，为了清晰地突出重点，通常使用一处不对称造型就已经足够，假如全身上下充满了斜线穿搭的元素，反而会物极必反，让你的整套穿搭显得格外凌乱。

时尚减龄的混搭魔法

极度统一服装风格虽然容易显出

整体感与和谐感，

但是也容易造成审美疲劳。

极度统一服装风格虽然容易显出整体感与和谐感，但是也容易造成审美疲劳。比如一整套的西装加上西裤，足以显出商务感，但略显生硬，而一整身的纱裙和雪纺衣，则容易显得过度甜腻。在现代人的时尚审美观中，风格混搭才更容易既减龄，又具有时尚感。

我有两条实用的混搭减龄小技巧分享给大家。

温柔感和力量感的减龄混搭

“温柔而有力量”这句话，也非常适用于穿搭风格。

温柔感和力量感的服饰表达，除了可能通过色彩和款式体现外，在材质上会有更直接的展示。

温柔感的材质有雪纺、真丝、羊毛、棉质等，摸上去带有柔软、富有弹性的感觉，穿在身上会凸显你温柔的气质；而力量感的材质有麻质、皮革、毛呢、混纺面料等，这类材质摸上去手感厚重，视觉上有比较坚挺且不容易亲近的感觉。

材质软硬结合的穿搭法，就是在每套服饰中将软和硬的材质搭配使用。假设内搭你用了柔软的蕾丝面料，那外套就可以考虑用皮革来混搭，中和过度柔软的感觉；而假设内搭你用了黑色的棉质打底衫，那在外面可以添加一件衬衫，外套再搭配呢子大衣，这样就有了三种不同的材质混搭，视觉上也比较有层次感和渐进感。

温柔感和力量感的平衡，对于女性来说，出入任何场合都是不错的选择。如果你今天想要参加一个正式的商务会谈，那么不妨多运用一些力量感的面料；假如今天要和男朋友约会，那么温柔感材质的衣服就可以占据主导地位，更多地展现你柔和可爱的一面。

正式感和休闲感的减龄混搭

在现代都市生活中，正式感和休闲感的边界已经越来越模糊，商务休闲已经成了主流。除了非常正式严肃的职业场合，其余场合都可以选择正式感和休闲感的混搭。

比较常见的休闲感的单品包括棉质T恤、牛仔裤、运动风长裤、毛衣、针织衫、运动卫衣等，这类着装看起来舒适放松；而常见的正式感的单品包括西装外套、西装裤、长款风衣、衬衫等，这类着装看起来正式严谨。

正式感和休闲感的混搭就是将这两类单品结合，营造既不过度休闲，又不过度严肃的氛围。打个比方，西装外套搭配休闲棉质T恤，再加上运动长裤，这样的一身装扮，就很有时尚感。

做个小总结：无论是温柔感和力量感的混搭，还是休闲感和正式感的混搭，都代表着一种平衡，就像我们做菜时多加一点糖或者少撒一点盐，根据不同的场合和心情而变化，只要拿捏有度，就可以调整到最佳状态。

5

打造你的专属衣品，重塑你的形象

设定好你的衣品提升目标

每一个想要提升衣品的人，

在行动之前，

都要先明确好方向。

每一个想要提升衣品的人，在行动之前，都要先明确好方向。假如你的目标是一个非常模糊的概念，比如“我希望变美一些”，就很难收获理想的效果。

我们不妨尝试着用企业管理中的目标管理方法来设定衣品提升目标。有四个关键步骤：首先，使用具体的形容词来表达你希望在衣品方面得到的提升成果，比如“更有气质、更温柔、更知性”或是“更时尚、更利落、更有个性”，相比使用一些空泛的词语，用一组具体的形容词描述你在衣品方面想要达到的提升效果，更能令你在脑海中建立起一个具象化的图景。

图 5-1

其次，把目标拆解为基础目标和挑战目标。基础目标指的是基本符合自己预期结果的目标，而挑战目标指的是超额完成后让自己感到惊喜的目标。为什么要有两种目标呢？因为大部分人在完成目标这件事上，都很难坚持，或是往往得到的结果大打折扣。设定挑战目标，让一个更高维度的目标牵引着你，你就能更有动力地往前冲刺。

再次，为目标设定一个量化的数字。假如目标没有被量化，就会影响达成目标的效果。比如，“变美一些”和“好看一点”都是难以量化的目标。从企业管理的思路来说，不能清晰量化的目标都是无效的目标。量化的标志就是尽可能地进行数字化描述，“我要变瘦”和“我要减重10斤”相比较，后者属于能够量化的目标。那么如何量化呢？我举几个例子：“我想要提升艺术品位”这个目标，假如换为“我想看懂20幅世界名画”或者“我想参加10次艺术展览”，就显得清晰多了；而“我想穿衣得体一些”这个目标，也可以用量化的思维换成“我想学习5个不同的社交场合的穿搭法则”，“我希望自己看起来时尚一点”可以换为“我希望关注10位时尚博主，并且每周设计三种不同的时尚穿搭造型”，等等。当目标能够被量化时，你就能很容易地看到下一步应该做什么，也就是说，清晰的目标将行动步骤也拟定出来了。

最后一点，就是在每一个目标达成之后，给自己一个奖励，可以是一份心仪已久想买给自己的礼物，也可以是一次度假旅行，或者你能够想象到的让自己心动和渴望的任何激励形式。不要小看激励形式，这是非常重要的一环。用一个有意思的激励形式，将愿望和目标绑定在一起，可以促使自己更有动力地去达成目标。重视自我激励的意义，才能够更有效地驱动自己的内心，也能够用未来会达成目标的快乐缓解眼前的焦虑。

在生活中，我发现很多女性容易忽视自我激励的价值。尤其是当了妈妈之后，她们经常激励孩子，却总是忘记激励自己。我就有位朋友，她是一位对家庭尽心尽责的妈妈，有两个孩子。她的家庭观念非常传统，绝大部分时间都花在了接送孩子以及做家务上，同时自己还要工作，也没有时间保养自己。我发现她的状态非常不好，在常年的劳累和奔波中，变得越来越暗淡无光，我建议她一定要给自己放一个假，独自出去走走，恢复一下能量。她好不容易下定了决心，要奖励自己外出度假，然而却在临行之前，又因为孩子上补习班没人接送放弃了。

我曾经服务过的很多客户都是想要找回年轻时的状态和提升内在自信的妈妈。在帮助她们提升衣品、找回自信之前，我会鼓励她们为自己设定清晰的目标以及达成目标之后的激励方案，并且在她们达成目标之后，认真监督她们兑现激励方案，如此循环往复，她们才能真正地找回内在失去的力量感。

关于衣品提升的目标，你可以尝试用下面这样的目标规划表格（见表 5-1）写出来：

表5-1　衣品提升目标规划表格

	形容词定义	量化标准	达成激励
基础目标			
挑战目标			

衣品提升的目标通常和你的需求息息相关，而需求通常有三大类：商务衣品需求、社交衣品需求和自我衣品需

求。从需求出发来倒推目标，也是一种更为有效的、以终为始的方法。

第一类是商务衣品需求。商务衣品的需求和职业身份挂钩，这也是三种需求中最为常见和普遍的一种。无论是初入职场的新人，还是成熟资深的精英，都需要与其职业身份和层级相匹配的衣品呈现。有一些职场新人很天真地认为，衣品提升是管理层才需要注意的，殊不知在这样的错误认知下，许多职业机会与自己擦肩而过了。我曾经到一个地处西南的城市给一家公关公司的客户授课。到达机场的时候，来接我的是公司的司机和一位负责接待的同事。一路上，我们谈笑风生，聊得很开心。得知我的职业之后，女同事很羡慕地说："依霖老师，我可羡慕你这个职业了，总是有那么多的机会穿漂亮的衣服。"我说："你也可以呀！你们公关公司应该也有很多机会去参加重要的活动吧？""哎呀，我觉得我都没必要买那么多漂亮的衣服，我老板没有带我去参加过什么活动，我买了也没有用呀！"她回答道。

第二天，我见到了这位女同事的老板。从她的言谈举止和衣着状态，我明显地感受到，她是一位非常注重细节并且非常注重仪式感的女性，她的衣品也非常到位，就连上下车的动作都是完全符合国际标准礼仪规范的。午餐时，我终于忍不住，好奇地问她："黄总，我看到您公司经常举办大型的活动，平时您会让员工参加吗？"她的语气略带苦恼："别提了！我们公司的员工平时一点都不在意形象和衣着。每次我想出席重要活动的时候，在公司里转一圈，想想带谁一起，就发现竟然没有一个人的穿着是符合要求的，最后索性不带她们了，万一在重要的客户面前留下不好的印象，那损失更大。"听完她的话，我顿时明白了：这就是上下级之间的思维差异，在员工的思维里，"老板提出要带我出席重要场合，我才有必要格外认真地装扮自己"；而在老板的思维里，"只有认真装扮自己的员工，才有参加活动的机会"。因此，职场新人也不要忽视衣品，它会带给你事业发展的机会。

对于职场精英人士来说，衣品的意义就更重要了。我有一位做品牌营销的好朋友，我们曾经交流过关于个人影响力的话题，他的一个观点至今令我记忆犹新，他说：最高级的影响力是“不言之影响力”。所谓不言之影响力，就是你不需要说话，单单通过外在信息，就足以表达你的身份、喜好、情趣。打个比方，今天你参加一个老朋友的聚会，突然发现坐在自己旁边的这个老朋友戴的手表是一块价值一千万的钻表，来接送她的车是一辆劳斯莱斯。那么即便从头到尾她都没有提及自己的近况及近期发生了什么，对比5年前衣着普通的她，你也一定能想到，她这几年过得不错。或者，你见到一位男性，从他手臂的肌肉线条就能够判断出，他有常年运动的习惯。这些就是不言之影响力，正如我们在前几章中所说的，管理自己的形象，可以提升你在他人眼中的印象值。这种不言之影响力对于职场精英人士来说尤为重要，也是他们塑造个人品牌形象的关键环节。因此，职场精英人士通常都很在意管理自己的衣品，甚至身材、皮肤和整体状态。

对于以上两类和商务衣品需求相关的人士，通常可以设定的目标是，通过衣品展现自己的职业性、专业度；在职场上展现自己的权威感；穿着职业装又不至于显得老气；挑选合适的职业装……这些都是职场人士的常见需求和困扰，你可以根据自己的层级和职业规划，来确定自己的商务衣品提升目标。

第二类是社交衣品需求。对于有高频次社交需求的人来说，社交衣品的提升是至关重要的。在社交活动中，常常有拍照和合影环节，这给来宾提出了更高的展示性要求。我的一个好朋友是金融行业的社交达人，因为有着宽广的人脉资源和客户资源，常常需要组织和参与各类社交活动。这就对她的社交衣品提出了很高的要求——短时间内出席的社交场合中，服饰既不能重复出现，还需要根据每一次活动的主题和主色调来选择对应的着装。她的集中性需求就是提升社交衣品。那么，在目标的设定上，我建议她先把平时最常出席的社交场合整理出来。她整理了三种，第一种是商务宴请的场合，第二种是一些社交性质的主题聚会，第三种是一些颁奖礼或者公司年会。

将这几类社交场景整理出来之后，就更容易确定社交衣品的提升目标了，比如学会在鸡尾酒会上的穿搭法则，学会怎么契合活动的主题来选择对应的服饰，学会在社交场合避免和他人撞衫，学会选择一款适合自己的鸡尾酒戒指，学会选择恰当的晚宴手包等。

第二类是自我衣品需求。也就是说，你并没有特定的商务需求，也不需要高频次地出席社交场合，纯粹是出于个人原因想要提升衣品。无论是为了增强自信心和自我认同度，还是为了让自己看起来更加年轻有活力，都属于自我衣品需求的范畴。对于任何人（尤其是女性）来说，因为个人颜值和气质的提升而带来的变化和愉悦感都是非常显著的。在个人衣品目标的有效设定上，可以针对个人穿搭上的一些困惑，比如怎么穿能够显瘦，什么样的颜色搭配容易显年轻，下半身比较宽大的人应选择什么款式的衣服，休闲装要如何搭配才能更时尚，如何选择亲子装等。

在清晰地设定好衣品提升的目标之后，建议你据此再设计一个时间规划表，具体到你想要在多长的时间内完成这个提升和蜕变，并且在不同的提升阶段设定好自我激励机制，倒逼自己在规定的时间内有一个突破或者进步。假如你是一个自律性比较差的人，也可以使用他律的方式，让你身边的人或者专业的老师监督你完成这个改变。我的机构曾经举办过线上的穿搭营，要求每个学生在群里连续 14 天打卡自己的每日穿搭，由专业老师进行点评。这个小小的他律行为，有效地帮助了群里很多女孩提升和改变。有好几位学生留言说，每日被监督着打卡，让她们更高效地完成了个人衣品提升目标。

定位你的视觉关键词

视觉关键词是打造衣品的核心参照。

视觉关键词是打造衣品的核心参照，我在前面的章节里有过详细的描述。这里再重新梳理和强调几个重点。首先，在选择服饰这件事上，脸部特征的重要性占了 70%~80%，身材特征只占 20%~30%，因此，务必先确定脸部的视觉关键词，再确定身材的视觉关键词；其次，脸部的很多特点都和服饰元素的选择有着千丝万缕的联系，因此尊重自己的长相，充分认知自己的特点，是能够完美呈现自身气质的关键；再次，身材决定了选择的服饰的款型，因此扬长避短是最重要的一个法则，要让视觉点都聚焦在优势部位上；最后，整体印象和气质是一个人综合状态的呈现，当我们看到一个人从面前走过，通常不会特别在意他的某一个细节部位，而是直接地感受到这个人的整体印象特质，因此，在整体印象特质上做好定位，能让自己的气质与众不同。

肤色：

肤色决定了服饰整体的深浅色调

肤色是第一视觉关键词。在东方，有一句老话，“一白遮百丑”，说的就是白皙的女孩，无论她的五官如何，整体看上去给人的印象都是干净和整洁的。然而在当代，尤其在西方，更多人崇尚小麦色或者经过阳光沐浴的肤色，认为这样才是更加健康的。肤色的深浅在形象专业上用“明度”这个术语来表达，高明度的意思就是白皙清浅，低明度的意思就是肤色偏深。在选择衣服的时候，肤色的明暗决定了服饰的整体色调：肤色清浅的人，适合整体偏浅色调的服饰，而肤色暗沉的人，则适合整体色调偏深的服饰。在定位自己肤色明度的时候，可以参照选择粉底时的色号，判断偏浅还是偏深。

当肤色与发色结合时，还能影响到服饰色彩的对比度，如果你的皮肤很黑，头发也很黑，或者你的皮肤很白，头发颜色也很浅，那么你的服饰对比度是相对弱的，更适合一些相近色彩的穿着组合；而如果你的皮肤很白，头发却很黑，或者皮肤颜色很深，但是头发颜色很浅，那么就更适合对比度强的服饰，比如一些反差大的色彩。总而言之，皮肤和头发的对比度与身上服饰用色的对比度成正比。

脸型：
脸型决定了脸部周围的服饰形状

脸型从一定程度上会影响到视感受，比如脸型特别圆的人，通常看起来比较可爱稚嫩，脸型特别长的人看起来相对比较成熟，而脸型很方的人看起来比较严谨和认真。很多女性都非常在意自己的脸型，但是事实上，生活中绝大多数的人，脸型都属于居间的类型，比如鹅蛋脸、瓜子脸等。这类脸型的人大可不必过于在意，因为脸型几乎不影响你的穿衣搭配。真正对选择服饰和配饰有一定的限制、需要稍微注意的，只有三种脸型：圆脸、长脸、棱角脸。这三种脸型的人不要在脸部周围重复叠加与脸型相同的饰品或者元素，发型也应尽量选择能够修饰脸型的。也就是说，圆脸周围尽量不要再出现圆形的饰品，长脸的人不建议使用垂坠型耳环和深V型领口，而棱角脸周围尽量不要出现和棱角类似的元素。

五官：

五官决定了服饰的图案元素

五官的特质决定了身上服饰的图案元素。首先，身上图案的大小和五官的大小要成正比：假如你的五官都是很醒目的，那么你身上的图案元素也应当相对醒目，否则就容易显得小气；而假如你的五官都很小巧玲珑，那么你身上的图案元素就应当相对娇小一些，才不容易抢了你五官的风采。其次，五官的线条感和身上服饰的线条感要相呼应：假如你的五官属于非常柔和妩媚的，那么花朵或者柔和曲线的图案通常会很适合你；假如你的五官线条是非常锋利和平直的，那么格纹或者垂直线条的元素通常会更加适合你。最后，五官的活跃度也决定了服饰图案的动态度：假如你的五官非常有个性，非常引人注意，那么动态的图案更能衬托出你的气质，比如动物图案、夸张的图形等；假如你的五官非常均匀柔和，没有任何个性化的特质，那么相对来说，一些素色的、安静均匀的图案会更加适合你。

身材：

身材决定了使用的服饰款型

身型特质决定了你用什么样的服饰款型来表达自己。5种不同的身型特质分别适合什么样的服饰，在前面的章节中已有详细的描述。身材的关键词定位，可以用高、矮、胖、瘦来形容，再往下细分，还可以用局部的长、短、粗、细来描述。

个子高的人，就很适合长裙、长款风衣等一切线条下垂的款型；个子娇小的人，就非常需要穿着紧窄和收身提气的服饰了，让整个人显得更加精神。身材偏胖的人，应当尽量多用材质硬挺且修身合体的服饰；而身材特别瘦削的人，则应当尽量穿戴材质柔软且宽松轻盈的服饰。

从身材的细节部位来说，颈部、腿部、手臂、腰部，都可以用长、短、粗、细来形容。比如脖子短的人，尽可能选择一些V型领的服饰；再比如手臂粗的人，尽可能少用一些泡泡袖，以免增加膨胀感；而腰部偏长的人，尽可能避开太过紧身的上衣，以免显得上半身较长。总之，对每一个身材细节部位的特质加以关注，就能很好地找到适合自己身型特质的服饰。

综合印象：

第一眼印象是最重要的

综合印象是一个人整体气质的第一呈现。定位综合印象关键词的时候，第一眼印象是最重要的。因为在初次见面的时刻，你对对方没有任何的情感预设，只能凭借视觉做出判断。当你和对方持续进行交谈和沟通，他的声音、眼神、说话的语调、内容，就会给你带来更多的信息。而当你和一个人越来越熟悉，就很难客观地对其做出判断。因此，很多人通过熟悉的人对自己的评价来定位视觉关键词，其实都不太准确。

作为一名专业的形象管理教练，客户对我来说都是完全的陌生人，我并不了解他们的个性喜好，也不熟悉他们的日常穿着，这时的第一眼视觉印象就极为客观。形象管理教练的眼睛像是一台照相机，能够截取和捕捉视觉画面，比如“这位女士的五官线条比较和缓，她的第一眼关键词是亲和力、优雅”。然而，随着认知的逐步加深和关系越来越密切，印象十分容易被主观判断带偏，比如内在的她或许是非常强势和利落的，那你对她的综合印象判断就有可能加上一些反向的形容词，这样反倒模糊了定义。

推荐一个有效的方法：找 5 个普通朋友（不要找闺

密，因为闺密容易有情感预设，找普通同事就可以），让她们每人给你写 3 个综合印象关键词（形容词），找出她们给你的形容词中高频次出现的那几个，这些很有可能就是你最客观的综合印象形容词。

提取你的内在
核心精神理念

每一个人的外在表达，

其实都有他潜意识里的内在因素。

在明确了自我衣品提升的目标，并且客观、认真地找出属于你的视觉关键词之后，接下来的这个步骤，就是打造衣品的最核心且最难的一个步骤，我将它称作“提取你的内在核心精神理念”。解释一下这句话的意思：每一个人的外在表达，其实都有他潜意识里的内在因素。打个比方，如果你看到一个人一年有 300 天都穿着运动装或者身上有非常明显的运动元素，那么这个人一定是热爱运动的。仔细观察身旁的人，你就能发现这一现象：热爱运动的人，和运动元素的气场天然就是合拍的；如果你发现一个人常常使用一些可爱的元素，比如糖果色的小蝴蝶结或者萌版的小动物之类，那么这个人通常是比较可爱柔和的，或许内心住着一个小女孩。这就是内在的核心精神理念外化的表现。

我曾经在心理学课上听到过一个词，叫作"自我实现的预言"，意思是，一个人常说的那些话，可能会成为他自己生命的预言，因为人是非常自恋的动物，一旦说了一句话，就会爱上自己的这个说法，而为了证明"我说的这句话是对的"，他就会朝这个方向去努力。我们的外在人生，也就是命运，常常是我们的内在意识花了很多年去推动的结果。因此，注意你生命中常常提起的那些话，它们很可能就是你的自我实现的预言。这种自我实现的预言使用在衣品上也依然是成立的，你常常习惯性选择的服饰状态，也是一种你为自己设定的自我实现的预言。一个人绝不会把令他内在感觉不安或者不愉悦的物品常常穿戴在身上，你长期习惯的某种衣品的表达和呈现，一定是能让你内心感到舒适和愉悦的。你的内在核心精神理念呈现出来的你，就是你想让外界真正去认识和了解的你。

每当我解读客户的外貌特征和内心的一些"预言"

时，对方会显得有些不自在。这种被看穿内心的状态会令人感到不安。当然，也有一部分客户显得很兴奋，发现原来衣品也能呈现一个人的内在意识。就像人们熟知的“冰山理论”，海面上的10%是意识，而海面下的90%是潜意识，衣品是无声的语言，它更多地描述了潜意识里的你，有时甚至你自己都未察觉。衣品也是非常诚实的，把你衣橱里的衣服全部拿出来统计一下，你就会发现，自己在不知不觉中囤积了很多潜意识里喜欢的东西。我帮客户做衣橱整理的时候，经常有一些客户感到非常惊讶，仿佛这些衣服他从未见过似的。从这个意义上来说，衣品是帮助你建立更清晰的自我认知的好工具，也能在一定程度上帮助你修复和疗愈内在的自我。

既然提取内在核心精神理念如此重要，那我们该如何提取呢？我将它拆解为三个步骤：

第一个步骤是，对自己进行抽丝剥茧的逻辑提问，也可以让他人来提问你，或许你会回复得更加准确。

下面有一份问题清单，你不妨逐一回答试试，找寻一下自己的内在核心精神理念。

在回答之前需要注意以下事项：

①回答时要凭借自己的第一直觉，夹杂了过多思考的答案，反而容易不真实。

②如果有可能，找一个朋友，帮你提问和做记录，这样你就能更专注于当下的答案。

③等所有问题统一回复之后，再一并梳理，找出内在逻辑，过程中只专注回答就好。

问题清单如下：

①你最喜欢的颜色有哪些？如果是红色，是哪一种红？是鲜艳的，还是柔和的？

②你平时最喜欢做什么？或者你的休闲时光一般怎么度过？

③你有收集什么的嗜好吗？它对于你有什么特别的意义吗？

④你所处的空间里有没有什么常常出现的物品？

描述它的样子、来源和对你的意义。

⑤你最喜欢的动物是什么？它有什么习性和特点？你为什么喜欢它？

⑥你最喜欢去哪里旅游？是自然景观，还是人文景点？旅行中你最享受什么？

⑦你喜欢的运动是什么？你在这种运动中能够感受到什么快乐？

⑧你最喜欢听哪一类的歌曲？流行乐？古典乐？

⑨你的家是什么样子的？你喜欢待在家中的哪个地方？这个地方对你来说意味着什么？

⑩你的衣橱是什么样子的？衣物的数量是多还是少？什么类型的服饰最多？

第二个步骤是，找出内在喜好的关联性。

当一连串的问题和回答完成后，仔细分析，你一定不难找到它们与你内在喜好之间的关联性，比如有些人喜欢听抒情音乐，并且他的空间里的色彩绝大多数是柔和的颜色，那么这两者之间的关联就是安静的状态；再比如有的人喜欢去旅游的景点是名胜古迹，家中常常出现的物品是工夫茶具，那么这两者之间的关联就是人文精神。当这些内在喜好的关联性被发现后，你就能更加清晰地读取自己，为下一个步骤做准备。

第三个步骤是，整理出你的内核理念。

当内在喜好的关联性被提取出来之后，你的内核理念也就渐渐被提取出来了。为了让你更好地理解这个过程，我列举一个曾经做过的案例给你。我曾经为我的好朋友做这个逻辑提问，当时的她经常困惑于找不到能够完美表达她的自我的服饰。她的性格非常活泼开朗，日常的穿衣用色也十分大胆，但同时她是一位文字工作者，平时需要大量阅读和沉静下来，这种性格的热络和工作氛围的安静形成了鲜明的反差和对比，以至于她在自我表达上，总是很难保持一致性。

为此，我为她罗列了一组问题。在此分享一下我们的对话过程。

我 “在你的周围，包括你所处的空间，比如办公室或者家中，有没有什么常常出现的元素或物品？”

她 “我家杯子很多。”

我 “是什么类型的杯子？”

她 “大多是用来喝茶的玻璃杯，不是工夫茶的那种杯子。”

我 “你平时的写作灵感通常从何而来呢？”

她 “我不需要刻意寻找灵感，一般坐下来就能开始写。”

我 “平时做什么事情会让你愉悦和兴奋？”

她 “我在工作中最兴奋。比如，当处于一个具体事件中时，我就会很投入、很兴奋，而三心二意的时候最不好。专注下来，就会有平稳的喜悦和心流出现。”

我 “你最喜欢的动物是什么？”

她 “我没有养过猫狗，我认为我不太会照顾它们，不能承受它们因为我而死去。我最喜欢看鱼，看着它们游来游去。在生存本能方面，我也很喜欢鸟，因为鸟非常轻盈，展翅就能去它们想去的地方，它们有着明确的目标，就像个环球旅行家。”

我 “你最喜欢什么颜色呢？”

她 “我穿衣服的时候喜欢浅色的，白色、红色、绿色，日常生活中也喜欢色彩鲜艳的物品，我想要一个彩色的书柜来装点生活，但是好像不太符合我家的风格。”

我 “那么你的家里什么颜色居多呢？”

她 “家里基本都是原木色、白色、浅米色。”

我 “你平时喜欢待在家里的什么地方呢？”

她 “床上和书桌旁。”

我 “这两个地方对你来说有什么特别之处吗？”

她 “我的书桌有三米长，上面全是书。我喜欢床是因为疲惫的时候想要好好休息，我的床上有四个抱枕。我的书柜里呢，各种颜色都有，没有那么有秩序。但我也不太喜欢对于花哨的东西，更喜欢有逻辑、颜色单一的东西，所以有时候觉得家里有点凌乱，我希望家里能呈现一些冷静的气质。”

我 “你还有什么其他兴趣爱好吗？除了写作和阅读之

外。”

她 “我还喜欢运动，在运动中我也能够达到心流的状态，运动让我沉浸。”

我 “你平时出去旅游的时候，一般会去哪些地方，是大自然还是文化圣地？”

她 “我会偏向自然的景点，我不想在旅行中太累，我很喜欢日本京都那种古老的庭院，喜欢那种静谧感，而每天早上和晚上，院子里又会出现嘈杂的蝉鸣声和竹叶的沙沙声，这种来自自然的嘈杂，我也很喜欢。”

在以上一系列的问题中，我提取到了一些关键信息：在她喜欢的事物里，有很多是反向特质的，比如，写作是静态的，而运动是动态的；她喜欢的色彩里，有静态的白色，也有动态的红色、绿色；她希望家里多一些色彩，但又希望呈现一些冷静的气质；她喜欢的动物——鸟和鱼，虽然都代表了无拘无束和自由，但一个翱翔天际，一个遨游四海；尤其印象深刻的是她说到的京都旅行，对于大多数人来说，要么喜欢安静的环境，要么喜欢喧闹的氛围，而她喜欢的是安静中的喧闹，或者说喧闹中的安静。说到这里，你也渐渐体会到她的与众不同了吧！她的内在精神世界有着明显的两极分化，这是她比普通人更难以定位自己的视觉表达的原因。这种两极分化的特质，通常出现在一些内在精神世界非常丰富的人身上。

对话之后，好朋友对我说，她发现了自己身上的内在矛盾，却不知道如何取舍。我对她说："这种冲突感和矛盾感，正是你的特质，没有必要取舍。衣品的提升是为了让你更好地认知内在的自我，更好地表达和呈现自我，而不是被视觉呈现所困扰。"内在矛盾感和冲突感比较强的人，通常视觉上的表现形态就很重要：如果表达不好，容易显得混乱——因为会让冲突感的呈现过于显性化；而如果运用得当，则能够表达出很和谐的冲突感。比如浮世绘的画面，虽然有很多海浪和动态感的图纹元素，但是由于色彩调了灰度，所以营造出一种安静的氛围感。这种动静结合的表达手法非常高级。

在视觉的表达上，我还想举另外两位朋友的例子。与上述这位朋友不同，她们的内在一致性非常高。其中一位朋友处于娱乐圈，性格非常活泼外放，在任何场合，她都是高调出场，使用非常鲜艳的颜色和夸张的服饰，极有存在感，而她本人也享受当主角的光环和时刻；而另外一位朋友，性格非常安静，内向沉寂，她的职业也是需要态度严谨和保密的工作，她在任何场合都是低调和内敛的，比如穿前开扣的衬衫时，通常都是直接扣到最上面。由于内在一致性非常高，这两位朋友的视觉表达都非常清晰和容易，在选择服饰的时候，也没有那么多的困惑，可以尽情按照自己想要呈现的效果去表达。虽然内在一致性高的人在视觉表达和服饰选择上是相对简单的，但是并不代表这类人没有困扰，用太极阴阳来做解释的话，极度外向的人属阳，极度内向的人属阴，阴阳调和才是健康平衡的状态。阳性过度就容易狂躁，性情也会变得更不可控，而阴性过度的人则容易缺少活力，性情容易忧郁。因此，我反而建议过度两极化的人适度地往中间调整一下，服饰、色彩和空间里的氛围感，都能够在一定程度上平衡自身过动或者过静的特质。

选取你的专属
视觉符号

服饰风格和人格

是一一对应又相互影响的。

提取专属视觉符号是一件虽有难度但极有意思的事。在我接触的案例里，尤其是年轻一些的女孩，有很多是焦虑、迷茫和盲目羡慕别人的。如果一个人没有充分的认知，那么她很容易陷入低落的情绪中，也很难拥有充沛的生命能量；而当她真正找到舒服的自我表达方式，并且通过服饰元素在每一天都将内在真实的自己展现出来时，她不仅能让其他人更加了解她，也能够让自己更好地和外在世界进行联结。这种内在世界的外化表达，就需要首先提取出你的专属视觉符号。

先来解释一下什么是“专属视觉符号”。你有注意过自己和其他人的不同吗？如果让你用一种植物来表达自己，或者用一种动物来形容自己，你会如何选择呢？虽然每个人的内在特质都是独一无二的，但是在宇宙中、自然界中一定能找到和你类似的物种或者物品来形容你自己，只是你很少去注意，也没有花时间刻意思考而已。

我曾经对身边的人做过关于运动方式的有趣的观察和思考。每个人从小到大都会天然地参与某些运动，而总有一些运动是你比较喜欢和适应的。一个人的运动方式，某种程度上和他的做事风格有很直接的关联，比如一个擅长快跑的人通常爆发力很强，那么日常他也很可能是个雷厉风行、做事快准狠的人，但与此同时，或许欠缺一些耐力和韧性，他的优势就是擅长闪电战；再比如一个喜欢蹦极等极限运动的人，往往是喜欢自我挑战的，在日常工作中，对于没有挑战性的工作，他可能不会产生热情，同时，喜欢蹦极的人在工作中还很容易大起大落，有着非常分明的表现；又比如一个特别喜欢射击运动的人，他具备的特质很可能是冷静果断，非常目标导向和擅长自我控制，能够在不断训练瞄准的过程中矫正自己的行为；还比如擅长有氧操、篮球、足球等团队型运动的人，通常天然热情，比较善于交际，拓展朋友圈对于他来说比较容易；最后，比如一个擅长跑马拉松的人，爆发力不一定是其强项，但是对一件事的韧性和坚持，让他有出色的发挥。

我是从小特别不喜欢运动的人，只有慢跑是我相对能够坚持和完成的，而对照我的日常生活和工作，我发现我的特质也和慢跑一样，不求速度，但求稳稳地匀速向前。我在推进很多很重要的事项时，都会选择将其拆解并分步骤慢慢完成。我有一句常常用来勉励自己的话："慢慢来，比较快。"我身边的很多朋友，许多年没有联系，突然了解近况时，才发现彼此已经在一个新的领域中不断地成长和自我突破了。这就是我这一类型的人的特质。

回到专属视觉符号这个话题。如果你能够在不同的物品或者元素中提炼到和自己相关或者相似的特质，那么，这样的物品或者元素就有可能成为你的专属视觉符号。

通过衣品表达自己的人格：服饰风格和人格是一一对应又相互影响的

衣品投射的是内在和服饰的关系，能够改变一个人的角色意识以及情绪状态。我曾经和朋友讨论过现在年轻人喜欢玩的剧本杀，研究了一下这究竟是一种什么样的乐趣。剧本杀是一种进行角色扮演（有时还需换装）的游戏形式。我的那位朋友也是一位剧本杀的爱好者，他告诉我："当穿着属于角色的服饰时，你会不自觉地被代入到另外一种角色和情景意识里，而沉迷其中的这几个小时，也能帮你格外地释放压力。"我的另一位主持人朋友曾经做过这方面的相关采访，得出的结论是，许多沉迷剧本杀的年轻人平时的职业身份是非常传统和正式的体制内的工作，在长期的工作压力之下，他们选择用这样的角色切换的方式来释放自己的天性。这足以说明，人是可以通过服饰的切换，实现内心世界的转换的。

无论你承认与否，你身上每一件物品的出现都不会是毫无缘由的。不知你是否有同样的体验：当你和两个闺密一同走进服装店的，大家可能会相中完全不同的衣服，换句话说，你们在选择用不同的方式表达自己的人格特质。“衣品”正是用穿衣服的方式去表达你自己的人格。习惯性穿着温柔浪漫的衣服的人，总是更拥有女性特质；习惯性穿着干练利落的衣服的人，内在人格特质更多地趋向中性；习惯性选择很多卡通图案的人，内心总有一个长不大的小孩。服饰风格和人格是一一对应又相互影响的。

我曾经在一次课程里做过改变衣品的训练，也就是选取一套你从没穿过的服饰，来反转你的角色。比如让一个常年习惯了穿职业套装的人，尝试一次彻底休闲的着装；让一个完全可爱风格穿着的女生，尝试穿潇洒的裤装；让一个极简穿衣风格的人，尝试体验一下层层叠叠复杂的着装。这种衣品反转的体验起初会让你感到不适应，而这种不适应的原因在于，它改变了你的既定人设特质。由于长期处于某种风格之下，你会不断地进行自我心理暗示，提示自己是个什么样的人，一旦这种习惯被打破，你就会产生不安全感；但反转之后，你会体验到放下自己人设包袱的轻松和愉悦。从某种意义上来说，你常年的衣品既是一种成就，也是一种束缚，通过反转服饰，你能让自己更轻松愉悦，也能看到与以往不同的自己。

从事形象管理顾问多年之后，我也会不由自主地“以貌取人”，不过并不是盲目地评判他人的衣品好坏，而是通过衣品这个工具去读取他人身上的信号，有时候甚至是对方空间里出现的所有信号。从服装的色彩、款式、风格，到他携带的水杯、手机壳、笔记本，无不展示着一个人的人格特质。有时候甚至是非常细微的一个小配饰，都在不断地跟周围的人诉说着你是谁。我的一位好朋友是颇为注意形象的商业男性，有一次，我很好奇地问他：“男士的商务着装都差不了太多，你是怎么展示自己的个性特质的？”他指了指自己衣领上的一个胸针说：“我会根据每一次活动的不同主题来选择不同的胸针，比如参加一场和宇宙主题相关的论坛，那么我就会选取一个和宇宙星际相关的胸针佩戴，而观看时尚展览时，我会选择一个时尚品牌的胸针。虽然这是一个很小的配件，别人也不一定真的会注意到，但这是我自己在意的，也是我的兴趣所在。”后来，他向我展示了他收集的胸针，满满的三大盒，密密麻麻，从可爱卡通款到酷炫机车款再到时尚潮流款，令我大开眼界。

大多数人的衣橱是按照场景或者色彩分类的，然而，在我看来，除了工作和日常着装之外，还应当多分出一类，叫作“战袍”，这类衣物专门用于你最重视的场合，帮助你充分地展现个人魅力和人格特质。衣橱，绝不仅仅是用来陈列你的日常服饰，更是用来放置和陈列你对自己的角色定位以及你对于生活的无尽想象。

每每打开一个人的衣橱，我大致能想象到他日常生活的场景，他用什么样的状态在和这个世界相处。他是经常成为一个场合里的主角，还是总是默默地坐在角落，不希望被别人注意到？他的日常场景中，是更多地参加社交酒会、商务活动，还是各种运动？在日常的习惯中，你会不断地重复和不自觉地强化，这就让你的衣橱更加充满了你的气息，让人一目了然。假如你有良好的衣品，你就能够通过调整服饰来灵活自如地表达自己的角色以及传递信号。

分享我曾经的一段经历给你：有一次，我的一个朋友邀请我参加他的一个封闭式小班课程，我很开心，这对我来说是一个特别好的学习机会。面对这样的一个新的社交机会，我准备好了空杯学习的心态，于是在第一天到达的时候，我穿了一身较为轻松和休闲的装束，当时我的想法是，假如我穿得非常商务和正式，显得过于高调，容易与新朋友格格不入，既然我抱着一份学习的心态而来，那就最好以一名学生的状态认识大家。果不其然，如我所料，我和到场的同学们都以一种轻松的状态相识了，没有任何人察觉到我的职业身份，在场的所有人都认为我是和他们一样参与学习的同学。

直到活动正式开始之后，主人对我做了一番隆重的介绍，我才恍然大悟，我被邀请去，不仅仅是以到场学习者的身份出席，同时也是为现场同学做贡献和分享点评的嘉宾。原来，朋友的用意是通过邀请一位嘉宾加入学习群体，来营造更加有竞争力的学习氛围，从而带动整个团队的成长。对于我来说，误解了主人的意思的确有些尴尬，于是第二天，我重新选择了一套具备嘉宾人设特质的服装，不仅更加有气场，而且更加时尚和正式。当我再次出现在大家面前的时候，同学们也感受到了完全不一样的气场。现场的学员说："你的反差好大，昨天完全没发现，原来你有这么强的职业讲师的气质。"其实我只是运用了不同的衣品信号来灵活展示我不同的角色状态而已。这个方法，相信通过学习你也能够掌握其中的精髓。

诸如此类的案例还有很多。BBC 曾经做过一档节目，让一位中年男士穿着他日常的服饰站在街头的玻璃橱窗里，外景主持人随机采访经过的路人，提问："你认为这个男人多少岁了？他的职业身份是什么？你认为他的年收入是多少？你为他的魅力值打多少分？你有兴趣和他交往吗？"连续几个女性路人的答案都是"大概 40 岁""职业可能是橱窗清洁工""我对跟他交往毫无兴趣""年薪 3 万美元""魅力值为 0 分"……当这位男士看到采访视频的时候，完全无法遮掩自己崩溃的情绪，原来在陌生人的眼中，他的形象跟他的实际年龄和状态有如此大的差距。紧接着，节目组安排了一位资深的整体造型师为他挑选了一整套服饰，让他换上后重新回到橱窗里站好。这次，外景主持人用一模一样的问题清单随机采访路人，有意思的事情发生了，这次得到了截然不同的答案：“年龄大致35岁”“应该是一个中层管理者吧”“我可以尝试着跟他交往”“年薪在5万美元左右”“魅力值有6分”……这些完全不同的答案令当事人大吃一惊，原来，同一个人，单单只是依靠服饰的改变，就能够让陌生人对他的印象发生180度的大转变。

视觉符号的多样性表达

视觉符号的表达十分灵活且多样，不仅可以通过色彩进行表达，形状、图案、材质都是不同的表达方法。以色彩来说，每一种颜色表达的情感氛围都有所不同，暖色调呈现热情，冷色调呈现安静。蓝色表达出的情感是理性，紫色表达出的是隐秘和玄妙，橙色表达出的是侵略性，红色表达出的是力量感，黄色表达出的是好奇心，而绿色表达出的是和平。每一种色彩都有它独特的含义，当色彩重叠或者搭配使用时，又会产生不同的氛围感。同一种颜色的连贯使用表达出统一性和整体性，相近的色彩搭配呈现出和谐感，而相反的颜色搭配呈现出冲突和撞击感。单单是色彩一个维度，就能够展现出足够的多样氛围。

视觉符号中的形状也能够表达出不同的氛围，比如圆形呈现出可爱和女人味的一面，方形呈现出理性和刚毅的一面，水滴形展现出女性化韵味，不规则的形状呈现出个性化的特质，等等。而材质亦是如此，粗糙的、光泽的、细腻的、厚重的、轻薄的、柔软的……都在营造不同的氛围。这些维度就像是多面体的不同面，在万千组合中，令视觉符号的展示充满了丰富性和多样性。

无论你想要表达什么样的思想内核和情感氛围，都能够通过这些不同的视觉符号的组合加以呈现。当你掌握了越多的视觉呈现方法，你就越能够自如地将它们组合运用在自己身上。

体系化的呈现和重复表达

所有事物都需要不断地重复和强化，

才有可能形成习惯，

并内化成自己的独特气质。

衣品实现的最后一个步骤，就是要体系化地呈现和重复使用，并表达出你的专属视觉符号。所有事物都需要不断地重复和强化，才有可能形成习惯，并内化成自己的独特气质。衣品也不例外，当你成功地定位出自己，并且找到能够呈现自己精神内核的视觉符号后，你就应当不断地在生活中应用起来，最终将美好的衣品落到实处。这里分享三个体系化呈现和重复表达的小方法给你。

了解体系化的视觉呈现方法，充分展现你的特质

视觉符号有很多种类，如色彩、形状、图案、材质等，如果你只是选取单一元素去组合，效果将会打折扣，但是如果你学会了体系化的视觉呈现方法，就能更加完整地展示自己的特质。从服饰呈现的角度来说，一个时代、一个民族、一个流派或者一个人都可以借由一种特定的体系化呈现来显示价值取向、内在品格和艺术特色。

下面我以国际上几个不同区域的服饰印象为例，给大家解释一下如何达到体系化的视觉呈现。假如你是一个爱看时尚杂志的人，你应当不难看出欧美杂志和日韩杂志的差别，它们从模特的长相到服饰的风格都有很大的差异，这和地理环境、历史积累、民族文化的不同是有很大关联的。日韩系的服饰大多呈现出清新自然的视觉印象，而这种印象是由不同的视觉符号组合而成的，比如色彩多半是清新干净的颜色，形状多是柔和的曲线，图案很多是小花朵或者小星星，材质大多数上是柔和轻薄的，当这些视觉符号体系化地组合起来时，就会综合呈现出日韩服装年轻

有活力的特质。

和英国的服饰来做一下对比。英国是世界上服饰礼仪相对完整和烦冗的国家，这是它作为老牌帝国遗留下来的特质。从体系化表达的角度来拆解一下，英式服饰的贵族感该如何呈现呢？首先，色彩上需要一些相对纯正、高饱和度的，形状上要相对直线型，图案上则要有很多纹格或者显示对称，这样才能展示其精致感和严谨感，另外材质上要比较硬挺和厚重，以上这些视觉符号组合起来，就能体系化地呈现出英式服饰的正式感和端庄严谨感。

再来看看美国的服饰。美国是一个移民国度，有着和英国截然相反的文化氛围，更为自由、反传统，正如美国的标志性建筑——自由女神像，这是美国人的精神图腾，代表着美国人所追求的自由。我们在服饰上也不难看到美国人无拘无束的表达，牛仔、朋克风、街头潮流元素等，无不显示着美国人的随意和不羁。在色彩上，几乎没有任何的限制，越鲜艳、越具有冲击感的颜色，越适合用来凸显美式风格；形状和图案的使用范围也非常广，比较具有标志性的就是涂鸦、大字母；在材质上，经常使用皮革、牛仔、麻布等比较粗糙的物料。这些视觉符号综合起来，就能体系化地呈现出美式的自由风格。

相信通过上述的几个例子，你应该不难理解什么是体系化的视觉呈现了，即用不同维度的视觉符号，共同表达一种风格特质，也就是你想表达的内在理念。唯有通过体系化的表达，你的衣品才能够有一个更好的、综合完整的呈现，充分展示出你的特质和风貌。

不同场合的重复表达，强化你的风格

视觉表达除了体系化之外，还有一个特别重要的方法就是不断地重复，在不同的场合去展示。任何事物都是在不断地重复之下才能被强化和识别的。假如你只是偶尔地做出好衣品的展示，那就依然只是随机性的。唯有不断地在商务场合、社交场合、休闲场合都延续你自己的衣品风格，才能最终将衣品体系完整地定格在你的人生里。生活中的衣品应用就是在不同的场景下呈现的，重复地表达和

展示自我，也是打造良好衣品的关键方法之一。

这里重复强调三种最重要的场合，商务场合、社交场合、休闲场合，它们是人人都需要且在日常生活中出现频次最高的。当你拥有属于自己的衣品体系之后，最重要的就是让它不断地重复出现在你的商务场合、社交场合和休闲场合中。打个比方，如果你的衣品体系是偏美式印象的，那么在商务场合中，虽然你依然尊重场合的属性，穿着西服和套装相关的服饰，但可以增加一些活跃的、强对比的元素，比如一条丝巾、一件个性设计的衬衫或者一个俏皮的小装饰，从而适度地展现你的个人衣品。在社交场合中，在华丽和精致的氛围下，你可以通过一些个性化、不对称的设计，比如前短后长的裙摆，或是斜肩线的上衣，来展现你的衣品特点。在休闲的场合里，你的美式街头感可以发挥得淋漓尽致，强烈的撞色字母衫、格纹的裤子、涂鸦的宽大T恤、流苏破洞的牛仔裤，这些元素都是很好的美式衣品的表达。

其他的衣品类型也是如此。每个人都能找到属于自己在不同场合下的衣品表达，也唯有在不同场合下重复地表达你的个人衣品，才能将整个衣品体系和你的生活紧密无间地融合在一起。在不同的场合进行表达时，或许你会感觉有些场合很难，比如对于严谨类型的人来说，休闲场合就是一个表达的难点；对于前卫有个性的人来说，商务场合则会很难驾驭。这是非常正常的，每个人都有自己擅长表达和不擅长表达的场合，当你觉得某个场合很难表达的时候，可以放弃完整的视觉表达，采取二八定律，80%遵循场合的氛围，20%展示属于自己的特质，这样的组合，会让你既得体又舒服。

不变的符号和变化的着装，愿衣品成就你

最后一个小方法，是关于变和不变的。在你的生活中，或许遇到过这样一类人：他们的风格非常多变，几乎每次都会穿着不同的着装，但是让你用一组形容词来形容他们的风格，却有点说不出口，似乎没办法完整地总结出来。这其实就是由于选错了“变”和“不变”。人多半是

喜新厌旧的，千篇一律的着装容易令人心生厌烦，于是就会开始寻求变化，尝试一些从前没有穿过和用过的服饰，但往往真正尝试后才发现，也不过是一时的新鲜，那些服饰终究像是别人的衣服，甚至只穿过一次之后就将它们丢在一边了。

在打造衣品的过程中，正确的法则是不变的符号和变化的着装。你的专属视觉符号是不变的。打个比方，我之前的一位客户是一位芳香美学的老师，我为她设计的个人品牌定位是"植物美学家"，那么，从衣品的打造来看，植物就成了她的专属视觉符号。在不同的场合着装中，我都建议她体现植物这个专属的视觉符号，可以用绿色系的服饰，也可以用和植物相关的各种形态的服饰元素，比如带植物图案的丝巾、项链或者配件。只要保持这个视觉符号的连贯，着装不断地发生变化是没有影响的。她依然可以在商务场合、社交场合和生活场合中自如地展示自己的魅力，只需用不同的形式，将植物这个标签放进她的衣品体系。

不同的植物也有不同的人格特质，比如，仙人掌是一种生存力很强的植物，杨柳是一种婀娜柔美的植物，而青松给人带来的感受是宁折不弯……你也可以具体地选择一种与你的内在人格特质相吻合的植物来展现和表达自己，让它成为你的专属图腾。这样的使用方法，就像是文章中的主题关键词一般，穿针引线，前后呼应，帮你形成一套完整的表达。不变的是符号，变化的是着装。

通过本章论述的五个步骤，你可以打造出属于你自己的衣品体系。

当然，审美是一件需要日积月累的事情。在每天打开衣橱的那一瞬间，你都是在重新选择你的人生，选择你的今日表达，选择用什么视觉符号来让别人读取今日的你——你的心情、你是谁、你的特质以及你想要表达的一切。久而久之，这种衣品的表达会和你的人格合二为一，你能收放自如地掌握自己的视觉信号，不需要说话，你的视觉语言就能让和你擦身而过的每一个人了解到内在的你。

随着时间的推移，你也能建立自己的审美哲学观，在面对每一个人生转折点时，你都知道自己要舍什么、得什么。你能通过审美的思维方式来联结和解读这个世界。

美学是一门极其深奥和复杂的学问，衣品是美学世界中的一项重要工具。愿你有所收获，愿衣品成就你。

后记

什么是“中国风”？聊聊中式审美的衣品表达

最后，我还想和大家分享一下我未来在衣品领域将会持续研究的一个方向——中式审美的衣品表达。我们处在一个物质丰沛的时代，衣物很轻易便能获得，但穿衣这件事不仅和我们自己有关，因为当你我身处同一个社会集体时，服饰可能成为集体认同的符号和印记。中式审美文化的传承，是一种民族自信的表达。

记得在国外读书的时候，我的确被西方严谨的服饰体系吸引，也常常被欧洲文化中的西式审美打动，然而回国之后，从事美学这份事业越久，接触的客户案例越多，我越发想要探寻一个寄存于时代之中的命题，那就是中式审美观究竟应该如何普及，如何让中国的青年一代能够用我们自己的审美体系和衣品话语来自我表达。这个时代从不匮乏衣物，然而真正能让当代青年人痴迷眷恋又愿意高频次穿着的中式服装，真的太少太少了。我曾经在客户群做过一个试验——举办一场主题派对，着装要求是“请穿着具有中式元素的服装入场”。这一刻，我也邀请各位读者思考一下，如果是你收到了这张邀请函，你会选择什么样的衣服来参加这个派对呢？我猜想，许多女生的第一反应是旗袍，对吧？似乎大多数人对于中式元素的想象力都局限于“旗袍”这个典型的民族服饰。旗袍固然经典和美丽，却是一种小众且较为隆重的民族服饰，如同日本的民族服饰——和服，都不适合过度频繁地出现在现代人的日常生活中。如今年轻人喜欢的汉服也是如此，都相对脱离了时代背景，并不是最适合年轻人的中式衣品表达。

除了此类复古的传统服饰，另一类新派青年开始追逐“国潮”服饰。但是，从服饰风格的专业角度来看，个性化的鲜艳色彩和繁复图纹，更像是美式街头的服饰元素。

服饰符号呈现的是文化信号，唯有让当下的年轻人在穿搭和生活场景中自然地用上中式审美元素，才可以说，中国的文化占据了时代的心智，中国的文化有能力影响世界上更多的人。

那么究竟什么才是“中国风”呢？我认为，真正的“中国风”，应当从中国人的思维方式上溯源。假如只是简单地中式元素拼凑，或者在服饰上出现龙、凤这样的图案就可以被称为“中国风”，那未免太过于粗暴和牵强。

首先，中式思维注重整体性，与西式思维的不同就像中医和西医理念上的差别。中医讲究内在的经脉相连，认为身体任何一个部位的问题都会引发其他的身体疾病；而西医的思维则是局部性的，胃病就吃胃药，重点在于解决特定部位的症状。整体性思维应用在服饰设计上，就需要有整体的表达思路，而不仅仅是出现一个标志性的图案，比如在衣襟上印一条龙，这并不能完美呈现中式美感；相反，一件服饰，即便没有明显的标志性图案，但整体上有中国文化的神韵气质，也能称之为好的表达。

其次，中式思维注重朦胧含蓄，西式思维注重简明直白。这就像是东方的水墨画和西方的油画，二者有着截然不同的美感。具体来说，东方更注重写意，西方更注重写实。在东方的水墨画中你能感受到的是一种意境，比如层层叠叠的群山环绕，但具体的人物情节需要你细细体会；而西方的油画，就像是拍照片一样，力图真实地高度还原人物细微的表情和动作。因此，在服饰表达上，真正有美感的中式服饰，需要更加具有想象空间和意境。举个例子，如果请你用一种颜色来形容中国，你会选择什么颜色？或许你会本能地选择国旗中的颜色——红色或者黄色。中国红固然是令人印象非常深刻的颜色，但比它更加具有中式意境和想象空间的，恐怕是宋瓷的"天青色"和水墨画的"墨色"。

最后，中式思维印刻在审美观上，还有一个非常重要的字，就是"和"。如果说西方的文化是强调个性的文化，那么中式文化可以说是求和谐、求天下大同的文化。这种"和谐""包容"的理念反映在我们中华民族的每一次国际交往中。在服饰文化上，和谐的审美观也是相当重要的。和谐的背后，是讲求规则感。拿色彩的融合感来举例，渐变色的搭配，以及调和了灰度的色彩，都能够体现和谐。细节上的呼应呈现的也是和谐感，比如金属系的耳环和金属扣的包包的呼应、绿色内搭和绿色裙角的呼应，体现的都是“你中有我、我中有你”的和谐感。

整体性、意境、和谐感就是中式思维的三种气韵，当你真正把它们应用到服饰搭配中，就能从容地表达东方的审美气质。

审美文化以感性为基础，融合了感知力、创造力、想象力等丰富的精神元素，当中国的服饰审美语言体系能够清晰完整地被表达出来，新一代的年轻人就能构建起个体与集体之间的一座桥梁，在集体中找到归属感，获得人生更大的幸福感。现在的我，同时也是一名中国学的博士生，在学习探索的道路上，我期待能将中式服饰穿搭和审美语言体系完整地归纳出来，分享给更多的朋友。

写在最后

穿出自己的品位，而不是满足别人的期待

一个人的审美和什么相关？为什么不同的人有截然不同的审美？根据我的观察和研究，生活方式、性格喜好、价值观念都是影响因素。改变一个人的审美习惯特别难，因为这是个同惯性思维做斗争的过程。

我曾做过一个试验：新认识的一位短发姑娘，当她拿出之前长发的照片时，新朋友们都趋向于认为短发的她好看，而老朋友们则趋向于认为长发的她更漂亮。这就是大多数人的惯性思维，容易把“不习惯”当作“不够好”。

那么如何真正达成审美的有效提升呢？唯有新观念的

植入才能潜移默化地改变一个人，当你从和“美”有关的基础知识开始了解，一点一点，彻底理解了“美”的形成方式和规律之后，才会越来越懂得如何表达“美”，日积月累，最终沉淀出一套属于你自己的优质审美体系。探索的过程很重要，若是忽略过程，不作更多思考，可能永远难以达成理想化的结果。而本书的使命，就是帮助你开启对审美思维的理解和深度思考。

这本书的诞生是对于时代的回应。当女性就穿着打扮的话题讨论的焦点不再只是“衣服好不好看”，而是更多地聚焦在“我该如何表达出自己的特质”上，说明时代已经悄然向前迈出了一大步。在这个时代，衣品也是表达能力之一，提升衣品就是“穿出我的品位”，而不是“满足别人的期待”。

这本书隐含着我们对于时代的洞察和见解，在本书撰写的过程中，有许多参与过策划和对本书提供宝贵建议的朋友，包括参与本书制作的策划人吴燕恬老师和她的团队伙伴、本书的时尚插画师 Nana（刘娜佳）、协助本书整理和修改的蕊蕊和 maxo。作为一名在美学教育赛道深耕的创业者，我的成绩背后是无数人的支持，感谢我的家人对于我事业的支持，感谢曾经给予我帮助的朋友们，感谢和我一起奋战在 COOYAN（可颜）团队的每一位优秀的伙伴，也感谢这么多年来支持和信任过可颜的每一位客户，以及我的社群“Young Future（未来女性联盟）”的伙伴们和“三日俱乐部”的盟友们，是你们一路以来的鼓励和支持，让我更加有勇气一次又一次地归零与精进、破圈与成长。谨以此书，献给你们和这个美好的时代。